U0277380

Adobe Premiere Pro 2020
基础培训教材

王琦　主编

关瑞敏　徐薇　庞晶心　柳杰　韩雪　王紫桐　孙刘涛　编著

人民邮电出版社

北　京

图书在版编目（CIP）数据

Adobe Premiere Pro 2020基础培训教材 / 王琦主编；
关瑞敏等编著. -- 北京：人民邮电出版社，2020.10
ISBN 978-7-115-54498-8

Ⅰ. ①A… Ⅱ. ①王… ②关… Ⅲ. ①视频编辑软件—
技术培训—教材 Ⅳ. ①TP317.53

中国版本图书馆CIP数据核字(2020)第137634号

内 容 提 要

本书是Adobe中国授权培训中心官方教材，针对Premiere Pro 2020初学者，深入浅出地讲解了软件的使用技巧，并通过综合案例进一步引导读者掌握软件的使用方法。

全书以Premiere Pro 2020版本为基础进行讲解：第1课讲解什么是剪辑、蒙太奇理论概述、Premiere Pro 2020更新的功能，以及如何获取ACA证书；第2课讲解视频图像原理、影视剪辑的基础名词、镜头语言概述，以及影视剪辑工作的基本流程；第3课讲解Premiere Pro 2020软件的基础设置、项目设置，以及序列设置的应用；第4课讲解素材整理、素材的导入，"项目"面板内素材的查看与整理、素材代理的设置，以及输出设置；第5课讲解源窗口的相关知识与应用；第6课讲解时间线与镜头拼接的相关知识与应用；第7课讲解如何使用工具箱中的工具精修镜头；第8课讲解字幕及矢量图形的绘制；第9课讲解镜头变速的相关知识与应用；第10课讲解关键帧动画的使用；第11课讲解蒙版与跟踪的相关知识与应用；第12课讲解图层和选区在合成应用中的操作方法；第13课讲解多机位剪辑流程；第14课讲解剪辑中常用的视频效果；第15课讲解视音频无缝转场的应用；第16课讲解音频处理的相关知识与应用；第17课讲解调色的相关知识与应用；第18课讲解Premiere Pro 2020常用的插件及无缝衔接Photoshop、After Effects、Audition的相关知识与应用；第19课为综合案例，运用所学过的知识完成旅拍剪辑。每一课的最后都有本课练习题，用以检验读者的学习效果。

本书附赠视频教程、讲义，以及案例的素材、源文件和最终效果文件，以便读者拓展学习。

本书适合Premiere Pro 2020的初级、中级用户学习使用，也适合作为各院校相关专业学生和培训班学员的教材或辅导书。

◆ 主　编　王　琦
　 编　著　关瑞敏　徐　薇　庞晶心　柳　杰　韩　雪
　　　　　　王紫桐　孙刘涛
　 责任编辑　赵　轩
　 责任印制　王　郁　马振武

◆ 人民邮电出版社出版发行　　北京市丰台区成寿寺路 11 号
　 邮编　100164　　电子邮件　315@ptpress.com.cn
　 网址　https://www.ptpress.com.cn
　 北京印匠彩色印刷有限公司印刷

◆ 开本：787×1092　1/16
　 印张：16　　　　　　　　　　2020 年 10 月第 1 版
　 字数：282 千字　　　　　　　2024 年 8 月北京第 18 次印刷

定价：59.00 元

读者服务热线：(010)81055410　印装质量热线：(010)81055316
反盗版热线：(010)81055315
广告经营许可证：京东市监广登字 20170147 号

编委会名单

主　编： 王　琦

编　著： 关瑞敏　徐　薇　庞晶心　柳　杰
　　　　　韩　雪　王紫桐　孙流涛

编委会：（以下按姓氏音序排列）
　　　　　陈　鲁　嘉兴学院
　　　　　郝振金　上海科学技术职业学院
　　　　　李晓栋　火星时代教育影视学院院长
　　　　　任艾丽　上海震旦职业学院
　　　　　孙　俐　上海东海职业技术学院
　　　　　肖　兰　北京联合大学
　　　　　余文砚　广西幼儿师范高等专科学校
　　　　　叶　子　上海震旦职业学院
　　　　　张　婷　上海电机学院

随着移动互联网技术的高速发展，数字艺术为电商、短视频、5G等新兴领域的飞速发展，提供了前所未有的强大助力。以数字技术为载体的数字艺术行业，在全球范围内呈现出高速发展的态势，为中国文化产业的再次盛兴贡献了巨大力量。据2019年8月发布的《数字文化产业发展趋势报告》显示，在经济全球化、新媒体融合、5G产业即将迎来大爆发的行业背景下，数字艺术还会迎来新一轮的飞速发展。

行业的高速发展，需要持续不断的"新鲜血液"注入其中。因此，我们要不断推进数字艺术相关行业的职教体系的发展和进步，培养更多能够适应未来数字艺术产业的技术型人才。在这方面，火星时代积累了丰富的经验，作为中国较早进入数字艺术领域的教育机构，自1994年创立"火星人"品牌以来，一直秉承"分享"的理念，毫无保留地将最新的数字技术，分享给更多的从业者和大学生，无意间开启了中国数字艺术教育元年。26年来，火星时代一直专注数字技能型人才的培养，"分享"也成为我们刻在骨子里的坚持。现在，我们每年都会为行业输送数以万计的优秀技能型人才，教学成果、图书教材和教学案例通过各种渠道辐射全国，很多艺术类院校或相关专业都在使用火星时代出版的图书教材或教学案例。

火星时代创立初期的主业为图书出版，在教材的选题、编写和研发上自有一套成功经验。从1994年出版第一本《3D studio 三维动画速成》至今，火星时代出版教材超100种，累计销量已过千万。在纸质出版图书从式微到复兴的大潮中，火星时代的教学团队也从未中断过在图书出版方面的探索和研究。

"教育"和"数字艺术"是火星时代长足发展的两大关键词。教育具有前瞻性和预见性，数字艺术又因与电脑技术的发展息息相关，一直都奔跑在时代的最前沿。而在这样的环境中，居安思危、不进则退成为火星时代发展路上的座右铭。我们也从未停止过对行业的密切关注，尤其是技术革新带来的对人才需求的新变化。2020年上半年，通过对上万家合作企业和几百所合作院校的最新需求调研，我们发现，对新版本软件的熟练使用，是联结人才供需双方诉求的最佳结合点。因此，我们选择了目前行业需求最急迫、使用最多、版本最新的几大软件，发动具备行业一线水准的火星时代精英讲师，精心编写出这套基于软件实用功能的系列图书。该系列图书内容全面覆盖软件操作的核心知识点，还创新性地搭配了按照章节定义的教学视频、课件PPT、教学大纲、设计资源及课后练习题，非常适合零基础读者，同时还能够很好地满足各大高等专业院校、高职院校的视觉、设计、媒体、园艺、工程、美术、摄影、编导等相关专业的授课需求。

学生学习数字艺术的过程就是攀爬金字塔的过程。从基础理论、软件学习、商业项目实战、专业知识的横向扩展和融会贯通，一步步地进阶到金字塔尖。火星时代在艺术职业教育领域经过26年的发展，已经创造出一整套完整的教学体系，帮助学生在成长中的每个阶段都能完成挑战，顺利进入下一阶段。我们出版图书的目的也是如此。这里也由衷感谢人民邮电出版社和Adobe中国授权培训中心的大力支持。

美国心理学家、教育家布鲁姆曾说过："学习的最大动力，是对学习材料的兴趣。"希望这套浓缩了我们多年教育精华的图书，能给您带来极佳的学习体验！

王琦

火星时代教育创始人、校长

中国三维动画教育奠基人

软件介绍

Premiere Pro 是 Adobe 公司开发的一款常用的视频编辑软件，是视频制作爱好者和专业人士必不可少的编辑工具。它可以提升用户的创作能力和创作自由度，是一款易学、高效、精确的视频编辑软件。Premiere Pro 提供了采集、组接、调色、美化音频、字幕添加、输出、DVD 刻录全流程服务，并和其他 Adobe 软件高效集成，使用户足以应对在编辑、制作、工作流上遇到的所有挑战，满足用户创建高质量作品的要求。

本书是基于 Premiere Pro 2020 编写的，建议读者使用该版本软件，如果读者使用的是其他版本的软件，也可以正常学习本书的所有内容。

内容介绍

第1课"走进 Premiere 的世界"讲解剪辑的概念和蒙太奇理论，介绍了 Premiere Pro 软件的主要功能，以及 Premiere Pro 2020 的新功能。

第2课"影视剪辑基础知识"讲解视频图像原理、影视剪辑的基础名词、镜头语言概述，以及影视剪辑工作的基本流程。

第3课"软件入门"讲解 Premiere Pro 2020 的基础设置、项目设置及序列设置。

第4课"素材管理、素材导入和输出设置"讲解素材的整理方法、素材的导入流程、"项目"面板内素材的查看与整理方法、素材代理的设置及输出设置，并通过卡点案例介绍项目制作的完整流程。

第5课"源窗口详解"讲解在源窗口中查看素材和设置素材的入点和出点的相关知识，以及在源窗口中粗剪镜头等内容。

第6课"时间线与镜头拼接"讲解在时间线中修剪素材、删除素材、移动素材、隐藏和显示素材，以及调整视、音频链接等常用操作方法。

第7课"工具的使用——精修镜头"讲解选择工具、向前选择轨道工具组、波纹编辑工具组、剃刀工具、外滑工具组、钢笔工具组、手形工具组、文字工具组等的使用方法，并通过综合案例"写意咖啡"介绍如何运用工具精修镜头。

第8课"字幕及矢量图形的绘制"通过制作文字动画效果，讲解字幕及矢量图形的制作方法等内容。

第9课"镜头变速"讲解升格镜头和降格镜头的概念、变速工具的使用方法，以及时间重映射速度线的调节方法。

第10课"关键帧动画的使用"通过3个案例分别讲解基本属性动画、Vlog 片头，以及电影片头的制作方法。

第11课"蒙版与跟踪"讲解蒙版的具体用法，通过案例"咖啡杯中的大海"介绍蒙版的各种应用方式。

第12课"合成应用"通过3个案例具体讲解图层、选区在剪辑软件中的应用方法。

第13课"多机位剪辑"讲解多机位素材的形式，以及多机位剪辑的流程。

第14课"视频效果"通过案例"COCO宠物"讲解常用的视频效果，如弹性抖动下落、镜头卡点、旋转扭曲、灵魂震动、镜头缩放等。

第15课"视、音频无缝转场"讲解视频转场的常用插件和内置的音频转场。

第16课"调音——降噪、修复、添加效果"讲解音频使用的基本流程、音频的降噪流程、音频的淡入淡出、音频的效果与"基本声音"面板。

第17课"调色"讲解色彩的基本属性、颜色校正，以及调色的基本流程。

第18课"常用插件及无缝衔接"讲解磨皮插件、视频降噪插件，以及如何在使用剪辑软件的同时无缝衔接其他软件修改静帧、视频和音频等操作。

第19课"综合案例制作——旅拍剪辑"讲解旅拍视频音乐的选择及音乐结构的分析方法，同时总结了旅拍的常用转场形式。

本书特色

本书内容循序渐进，理论与应用并重，能够帮助读者从零基础入门提升到进阶。此外，本书提供完整的课程资源，还在书中融入了大量的视频教学内容，使读者可以更好地理解、掌握与熟练运用 Premiere Pro 2020。

理论知识与实践案例相结合

本书有别于纯粹的软件技能和案例教学图书，主要围绕素材组接、镜头变速、无缝转场、关键帧动画、字幕设计、合成应用、调音调色等具体的视频处理工作进行讲解，先介绍视频处理工作必备的理论知识，再通过实践案例使读者加深理解，让读者真正做到知其然、知其所以然。

本课练习题

每一课课后都有本课练习题，用以检验读者的学习效果。

资源

本书包含大量资源，包括视频教程、讲义、案例素材、源文件及最终效果文件。视频教程与书中内容相辅相成、相互补充；讲义可以使读者快速梳理知识要点，也可以帮助教师制订课程教案。

作者简介

王琦：火星时代教育创始人、校长，中国三维动画教育奠基人，被业界尊称为"中国CG

之父",北京信息科技大学兼职教授、上海大学兼职教授,Adobe教育专家、Autodesk教育专家,出版《三维动画速成》《火星人》等系列图书和多媒体音像制品50余部。

关瑞敏:资深剪辑包装师,主要从事影视剪辑包装工作,专注于电视包装、电视广告、纪录片、MV、宣传片、短视频等领域,曾参与CCTV6、浙江卫视、大型纪录片《北京记忆》等项目的创作,从事剪辑包装工作12年,曾服务于5DS智作。

徐薇:视频制作师,主要从事视频后期制作,曾参与电视广告以及游戏宣传片等项目的创作,包括雷克萨斯、新康泰克、LG电视、英菲尼迪、现代汽车、东风标致等。

庞晶心:资深剪辑师,主要从事影视剪辑及后期合成工作,专注于纪录片、电视栏目、电视广告、宣传片、MV、动画电影、短视频等领域,从事剪辑及合成工作11年,曾服务于中央电视台国防军事频道。

柳杰:资深剪辑师,主要从事影视剪辑工作,专注于短视频、真人秀、纪录片、电影EPK(Electronic Presskit,电子媒体手册)等领域,有8年影视剪辑相关工作经验,曾服务于北京电视台。

韩雪:剪辑包装师,主要从事影视剪辑包装的后期工作,以及相关的教学工作,专注于电视栏目、网络大电影、广告片、宣传片、短视频等领域,从事剪辑包装工作5年,曾参与网络大电影、微电影的宣传制作。

王紫桐:剪辑师,主要从事影视前期拍摄和后期制作工作,专注于电影、电视剧、MV等领域,有4年影视相关工作经验,参与影视拍摄7部以上。

孙流涛:资深剪辑师,主要从事影视剪辑工作,专注于纪录片、宣传片、体育直播、网络大电影、短视频等领域,从事剪辑工作4年。

读者收获

学习完本书后,读者可以熟练地掌握Premiere Pro 2020的操作方法,同时可以熟练掌握制作转场特效、视频特效、合成应用及调音调色等的专业技法。

本书在编写过程中难免存在疏漏之处,希望广大读者批评指正。如果读者在阅读本书的过程中有任何建议,欢迎发送电子邮件至zhangtianyi@ptpress.com.cn联系我们。

编者

2020年8月

课程名称	Adobe Premiere Pro 2020基础		
教学目标	使学生掌握Premiere Pro 2020软件的使用方法，并能够使用软件创作出简单的视频剪辑作品		
总课时	32	总周数	16

课时安排

周次	建议课时	教学内容	作业用时
1	2	走进Premiere的世界/影视剪辑基础知识（本书第1、2课）	1
2	2	软件入门/素材管理、素材导入和输出设置（本书第3、4课）	1
3	2	源窗口详解/时间线与镜头拼接（本书第5、6课）	2
4	2	工具的使用——精修镜头（本书第7课）	1
5	2	字幕及矢量图形的绘制（本书第8课）	1
6	2	镜头变速（本书第9课）	1
7	2	关键帧动画的使用（本书第10课）	1
8	2	蒙版与跟踪（本书第11课）	1
9	2	合成应用（本书第12课）	1
10	2	多机位剪辑（本书第13课）	1
11	2	视频效果（本书第14课）	1
12	2	视、音频无缝转场（本书第15课）	1
13	2	调音——降噪、修复、添加效果（本书第16课）	1
14	2	调色（本书第17课）	1
15	2	常用插件及无缝衔接（本书第18课）	1
16	2	综合案例制作——旅拍剪辑（本书第19课）	无

本书用课、节、知识点、案例和本课练习题对内容进行了划分。

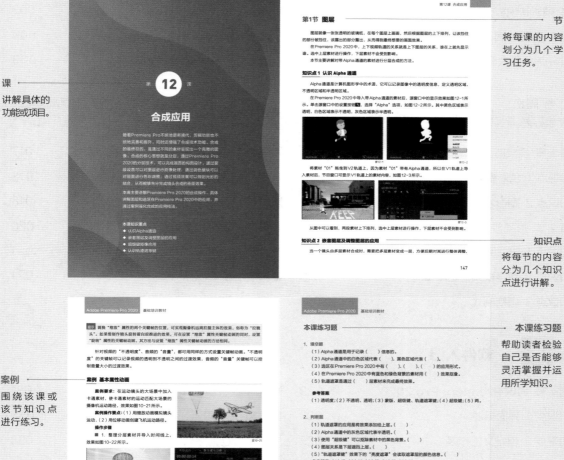

课
讲解具体的
功能或项目。

节
将每课的内容
划分为几个学
习任务。

知识点
将每节的内容
分为几个知识
点进行讲解。

案例
围绕该课或
该节知识点
进行练习。

本课练习题
帮助读者检验
自己是否能够
灵活掌握并运
用所学知识。

操作题
提供素材和题
目要求，配有
相应的操作题
要点提示。

操作题要点提示

目录

第 1 课 走进 Premiere 的世界

第 2 课 影视编辑基础知识

第 3 课 软件入门

第 4 课 素材管理、素材导入和输出设置

第 5 课　源窗口详解

第 6 课　时间线与镜头拼接

第 7 课　工具的使用——精修镜头

目录

第 8 课　字幕及矢量图形的绘制

第 9 课　镜头变速

第 10 课　关键帧动画的使用

第 11 课　蒙版与跟踪

第 12 课 合成应用

第 13 课 多机位剪辑

第 14 课 视频效果

第 15 课 视、音频无缝转场

目录

第 16 课 调音——降噪、修复、添加效果

第 17 课 调色

第 18 课 常用插件及无缝衔接

第 19 课 综合案例制作——旅拍剪辑

第 **1** 课

走进Premiere的世界

一部影视作品的诞生，会经历剧本创作、前期拍摄、后期剪辑和合成输出等多个环节。影视作品诞生于剧本，制作于拍摄过程，完成于剪辑台。在整个制作过程中，剪辑是非常重要的一个环节。剪辑作为影视创作的其中一个阶段，对作品的质量起着举足轻重的作用。

本课将讲解剪辑的基础知识。

本课知识要点

◆ 认识剪辑

◆ 蒙太奇的类型

◆ 获取ACA证书

第1节　认识剪辑

影视剪辑即电影、电视剧剪辑，是对大量音、视频素材进行分解重组的工作。随着时代的发展，剪辑已经不再局限于制作电影、电视剧了，剪辑的应用领域出现多元化发展的趋势。除电影、电视剧以外，在广告、网络多媒体以及游戏开发等领域，剪辑也得到了充分的应用。同时，随着拍摄设备的便携化、数字化以及计算机的普及，剪辑也走入了普通人的生活。如今"人人都是自媒体"的时代已经到来，大部分流量都已经被短视频瓜分，要想做出出众的作品就更需要剪辑的帮助。

剪辑，通俗地讲就是拆分和重组的过程。剪与辑是相辅相成、不可分割的整体。没有剪就谈不上辑，而没有辑也就用不着剪，任何顾此失彼、分离两者关系的理论和做法都是不正确的。把拍摄的镜头、段落加以剪裁，并按照一定的结构把它们组接起来，这才是一个完整的剪辑过程。

在影片制作过程中，剪辑的主要作用有以下两点。

▌ 保证镜头转换流畅，使整部影片一气呵成。

▌ 使影片段落、脉络清晰，使观众能够把不同时间、地点的内容误认为同一场面。

剪辑的作用是将一部影片拍摄的大量素材，经过取舍和组接，最终汇编成一个能传达创作者意图的作品，它是一次再创作的过程。

以影视作品为例，从影视素材到一部完整的影视作品，剪辑大致分为初剪、复剪、精剪和定剪4个步骤。

▌ 初剪是根据分镜头剧本，把人物的动作、对话、相互交流的情景等镜头组接起来。

▌ 复剪是在初剪的基础上进行进一步修正。

▌ 精剪是对画面反复推敲后，结合镜头语言结构进行的更为细致的剪辑。

▌ 定剪是在所有场景都拍摄完毕、各片段都经过精剪之后，对全片整体结构和节奏进行最后的调整，使影片最终定型。

第2节　蒙太奇理论概述

蒙太奇理论是一种影视镜头组合理论，是影视镜头构成形式与构成方式的理论，是剪辑过程中需要参考的理论。

在影视创作中，导演按照剧本或影片的主题思想，会分别拍摄许多镜头，然后按原定的创作思路把这些不同的镜头组接在一起，使之产生连贯、对比、联想、衬托悬念等联系以及不同的节奏，有选择地组成一部反映社会生活和思想感情，并为广大观众所理解和喜爱的影视作品。

知识点 1　蒙太奇定义

蒙太奇是外语音译（法语Montage）而成的，原为建筑学术语，意为构成、装配，最开始只是延伸到了电影艺术中，后来逐渐被视觉艺术等衍生领域广泛引用。

电影的基本元素是镜头，而连接镜头的主要方式和手段是蒙太奇。

镜头是组成影片的基本单位，若干个镜头构成一个段落或场面，若干个段落或场面构成一部影片。因此，从镜头的摄制开始，就已经在使用蒙太奇手法了。经过不同处理手法拍摄出来的镜头，会产生不同的艺术效果。电影将一系列在不同地点、从不同距离和角度、以不同方法拍摄的镜头排列组合起来，用于叙述情节、刻画人物形象。当不同的镜头组接在一起时，往往又会产生各个镜头单独存在时所不具有的含义。以谢尔盖·爱森斯坦（Sergei M·Eisenstein）为代表的俄罗斯导演们认为，将对列镜头衔接在一起时，其效果"不是两数之和，而是两数之积"。

凭借蒙太奇的作用，电影享有时空上的极大自由，甚至可以构成与实际生活中的时间、空间并不一致的电影时间和电影空间。蒙太奇可以使影片产生演员动作和摄像机动作之外的"第三种动作"，从而影响影片的节奏。

简要地说，蒙太奇就是根据影片所要表达的内容和观众的心理顺序，将一部影片分别拍摄成许多镜头，然后再按照原定的创作思路组接起来。通俗地讲，蒙太奇就是把分切的镜头组接起来的手段，是使用摄像机的手段，也是一种剪辑的手段。

知识点 2 蒙太奇的类型

蒙太奇具有叙事和表意两大功能，主要分为以下3种类型。

1. 叙事蒙太奇

叙事蒙太奇由美国电影大师大卫·格里菲斯（D.W.Griffith）等人首创，是较为常用的一种叙事方法。它以交代情节、展示事件为主旨，按照情节发展的时间流程、因果关系来分切组接镜头、场面和段落，从而引导观众理解剧情。这种蒙太奇手法的组接脉络清楚、逻辑连贯、通俗易懂。叙事蒙太奇又包含以下4种。

▌**平行蒙太奇**。平行蒙太奇通常用于并列表现不同时空（或同时异地）发生的两条或两条以上的情节线，将多头叙述统一在一个完整的结构之中。平行蒙太奇应用广泛，首先是因为用它处理剧情可以删节过程，利于概括集中、节省篇幅、扩大影片的信息量、加强影片的节奏感；其次，由于这种手法能让几条情节线并列表现、相互烘托、形成对比，所以易于产生强烈的艺术感染效果。

▌**交叉蒙太奇**。交叉蒙太奇又称"交替蒙太奇"，它将同一时间不同地域发生的两条或数条情节线迅速而频繁地交替组接在一起，其中一条情节线的发展往往会影响其他情节线，各条情节线相互依存，最后汇合在一起。这种剪辑手法极易制造悬念，营造紧张激烈的气氛，加强矛盾冲突的尖锐性，是掌控观众情绪的有力手段，冒险片、恐怖片和战争片常用这种手法呈现追逐和惊险的场面。

▌**颠倒蒙太奇**。颠倒蒙太奇是一种打乱结构的蒙太奇手法，先展现故事或事件的现有状态，然后再回头介绍故事的始末，表现为事件概念上过去与现在的重新组合。它常借助叠印、划变、画外音、旁白等方法转入倒叙。运用颠倒蒙太奇手法，打乱的是事件顺序，时空关系仍需交代清楚，叙事仍应符合逻辑关系，事件的回顾和推理都为这种结构方式。

▌**连续蒙太奇**。连续蒙太奇沿着一条单一的情节线，按照事件的先后顺序，有节奏地连续叙事。这种叙事手法自然流畅、朴实平顺，但由于缺乏时空与场面的变换，无法直接展示同时发生的多条情节线，难以突出各条情节线之间的对列关系，不利于概括故事情节，易使人有拖沓冗长、平铺直叙之感。因此，在一部影片中很少单独使用这一手法，多与平行、交叉蒙太奇混合使用。

2．表现蒙太奇

表现蒙太奇是以镜头队列为基础，通过相连镜头在形式或内容上相互对照、冲击，从而产生单个镜头本身所不具有的丰富内涵，用以表达某种情绪或思想。其目的在于激发观众的联想，引发观众的思考。表现蒙太奇包含以下4种。

▌**抒情蒙太奇**。抒情蒙太奇在保证叙事和描写的连贯性的同时，还能表现超越剧情之上的思想和情感。当使用抒情蒙太奇手法时，意义重大的事件被分解成一系列近景或特写，拍摄者从不同的侧面和角度捕捉事物的本质含义，渲染事物的特征。最常见、最易被观众感受到的抒情蒙太奇，往往是在一段叙事场面之后，恰当地切入象征情绪和情感的空镜头。

▌**心理蒙太奇**。心理蒙太奇是描写人物心理的重要手段，它通过画面镜头的组接或声画的有机结合，形象生动地展现人物的内心世界，常用于表现人物的梦境、回忆、闪念、幻觉、思索等精神活动。

▌**隐喻蒙太奇**。隐喻蒙太奇通过类比镜头或场面的对列，含蓄而形象地表达创作者的某种创作意图。这种手法往往将不同事物之间某种相似的特征凸显出来，引起观众的联想，从而使观众理解创作者的创作意图和事件的情绪色彩。

▌**对比蒙太奇**。对比蒙太奇类似文学中的对比描写，即通过镜头或场面在内容（如贫与富、苦与乐、生与死、高尚与卑劣、胜利与失败等）或形式（如景别大小、色彩冷暖、声音强弱等）上的强烈对比，产生冲突的效果，来表达创作者的某种创作意图，或强化创作者表现的内容和思想。

3．理性蒙太奇

理性蒙太奇通过画面之间的关系，而不是单纯的一环接一环的连贯性叙事手法来表情达意。理性蒙太奇与连贯性叙事的区别在于，即使它的画面属于实际经历过的事实，按这种蒙太奇手法组合在一起的事实也总是主观视像。理性蒙太奇包含以下3种。

▌**杂耍蒙太奇**。杂耍是一个特殊的时刻，其间一切元素都为"将导演打算传达给观众的思想灌输到他们的意识中"这个目的服务，使观众进入拍摄者所期待的思想的精神状况或心理状态中，造成观众情感上的冲击。这种手法在内容上可以随意选择，不受原剧情约束，达到最终能够说明主题的效果。

▌**反射蒙太奇**。反射蒙太奇所描述的事物和用来做比喻的事物同处一个空间，它们互相依存——或是为了与该事件形成对照、或是为了确定组接在一起的事物之间的反应、或是为了通过反射联想揭示剧情中包含的类似事件，以此影响观众的感官和意识。

▌**思想蒙太奇**。思想蒙太奇是对新闻影片中的文献资料重加编排，用于表达一种思想。这种蒙太奇手法较为抽象，因为它只表现一系列思想和被理智所激发的情感。观众冷眼旁观，在银幕和观众之间造成一定的"间离效果"（间离效果是指通过各种手段使观众意识到自己是在欣赏艺术作品，从而激发思考），其参与完全是理性的。

第3节 认识Adobe Premiere Pro

Adobe Premiere Pro是一款由Adobe公司开发的常用的视频编辑软件，现在常用的版本有CS4、CS5、CS6、CC 2014、CC 2015、CC 2017、CC 2018、CC 2019和2020。它是一款编辑画面质量很好的软件，有较好的兼容性，且可以与Adobe公司开发的其他软件相互协作。目前，这款软件广泛应用于影视编辑制作中，包括电影、电视剧、广告、电视节目、游戏动画，以及目前最火的短视频等。目前最新版本为Adobe Premiere Pro 2020。

Premiere Pro是视频编辑爱好者和专业人士必不可少的编辑工具。它可以提升用户的创作能力和创作自由度，是一款易学、高效、精确的视频剪辑软件。它提供了采集、组接、调色、美化音频、字幕添加、输出等全流程服务，并和其他Adobe软件高效集成，使用户足以应对在编辑、制作、工作流上遇到的所有挑战，满足用户创建高质量作品的要求。很多电影制片人、电视编辑和摄像师都在使用Premiere Pro来编辑视频。

Premiere Pro为专业人士提供了更强大、更高效的功能和先进的专业工具，它包含以下主要功能。

1. 素材的组织与管理

在视频素材的前期处理中，首要的任务就是将收集起来的素材导入"项目"面板中，以便统一管理。

2. 素材的剪辑处理

将导入的素材进行组接，并放在同一轨道上，可以达到将素材拼接在一起的效果。

3. 过渡效果

在两个片段的组接处，往往采用过渡的方式来进行衔接，而非直接将两个片段生硬地拼接在一起。

4. 滤镜效果

Premiere Pro同After Effects一样都支持滤镜的使用，Premiere Pro提供了近80种滤镜效果，可对拍摄画面进行变换、模糊与锐化、扭曲、过渡、透视等处理。

5．调音处理

Premiere Pro为对话、背景音乐、环境音等音频内容增加了快捷的预设音频模块，使后期音频调节、处理更加方便。

6．调色处理

使用Premiere Pro中具有专业品质的颜色分级工具，可以直接在软件的时间线上对素材进行颜色分级。

7．合成效果

在Premiere Pro中可以把一个素材置于另一个素材之上来播放，这种方法被称为"合成处理"，所得到的素材被称为"叠加素材"。叠加的素材可以是透明的，这样能使下面的素材透射出来进行放映。

8．作品输出

在作品制作完成后，需借助Premiere Pro的输出功能将最终作品输出，执行编译，形成指定的影视文件。

本书以Premiere Pro 2020中文版为例进行讲解，如图1-1所示。

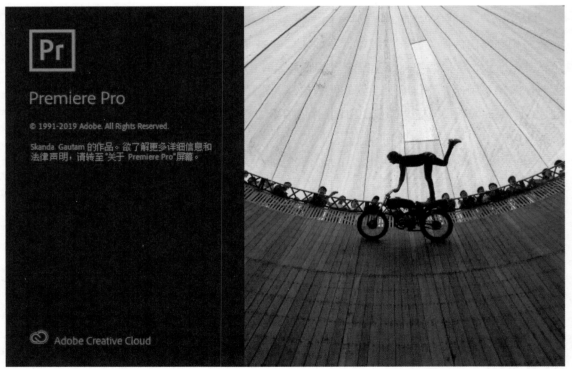

图1-1

下面介绍Adobe Premiere Pro 2020新增的4个主要功能。

1．自动重新构图

使用自动重新构图功能可重构序列用于方形屏幕、纵向屏幕和电影的16：9屏幕，或用于裁剪高分辨率素材。

自动重新构图既可作为视频效果应用于单一视频素材，如图1-2所示，也可应用于整个序列，如图1-3所示。

图1-2   图1-3

2. 图形和文本增强功能

Premiere Pro 2020的"基本图形"面板中具有很多文本和图形的增强功能，可以让用户更加顺畅地处理字幕和图形，如图1-4所示。

3. 音频增强功能

Premiere Pro 2020中的音频功能提供了更加便捷的多声道效果的工作流程，如图1-5所示，还增加了音频增益的范围，如图1-6所示。

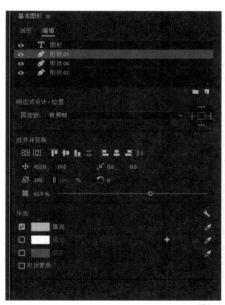

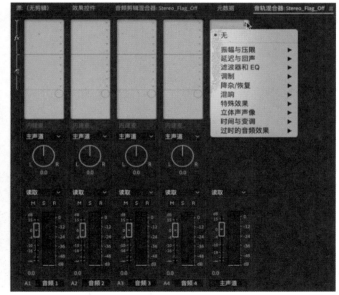

图1-4   图1-5

4. 时间重映射至20000%

使用该功能可以重新调整镜头时间，而又无须嵌套序列来大幅更改画面的速度，能使用户实现更多创意。用户能够使用冗长的源素材生成延时镜头素材，如图1-7所示。

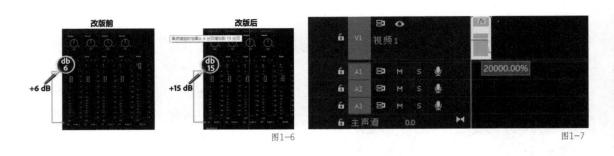

图1-6

图1-7

本课练习题

1. 选择题

（1）平行蒙太奇属于（　　　）。

A. 杂耍蒙太奇　　　　B. 对比蒙太奇　　　　C. 交叉蒙太奇　　　　D. 叙事蒙太奇

（2）交叉蒙太奇属于（　　　）。

A. 杂耍蒙太奇　　　　B. 对比蒙太奇　　　　C. 交叉蒙太奇　　　　D. 叙事蒙太奇

（3）Adobe Premiere Pro 属于（　　　）软件。

A. 特效　　　　　　　B. 合成　　　　　　　C. 剪辑　　　　　　　D. 三维

参考答案

（1）D;（2）D;（3）C。

2. 连线题

叙事蒙太奇　　　　心理蒙太奇
表现蒙太奇　　　　反射蒙太奇
理性蒙太奇　　　　颠倒蒙太奇

参考答案

叙事蒙太奇　　　　心里蒙太奇
表现蒙太奇　　　　反射蒙太奇
理性蒙太奇　　　　颠倒蒙太奇

第 **2** 课

影视编辑基础知识

在计算机技术高速发展的今天，高性能计算机工作站
已成为剪辑工作最好的平台，无论使用哪种编辑软
件，其相关术语和基本概念都是相同的。

本课将讲解数字化影视剪辑的基础知识。

本课知识要点

◆ 色彩模式

◆ 图形术语

◆ 线性编辑与非线性编辑

◆ 镜头语言

第1节 视频图像原理

在影视剪辑过程中，经常需要对素材文件进行色彩与图像的调整。一部优秀的影视作品离不开合适的色彩搭配和优质的画面效果。在制作影视作品时，需要对色彩模式和图像类型以及分辨率等概念有充分的理解，才能灵活运用各种类型的素材。

知识点 1 色彩模式

色彩模式即描述色彩的方式。在 Premiere Pro 中常用的色彩模式有以下5种。

1. HSB 色彩模式

HSB 色彩模式是基于人对颜色的心理感受而形成的，它将色彩分为3个要素：色调（Hue）、饱和度（Saturation）和亮度（Brightness），如图2-1所示。

2. HSL 色彩模式

HSL 色彩模式是工业界的一种颜色标准，通过调整色调（Hue）、饱和度（Saturation）和亮度（Lightness）3个颜色通道，以及它们相互之间的叠加，来得到各式各样的颜色。这个标准几乎包括了人类视力所能感知的所有颜色，是目前运用最广的色彩模式之一。

HSL 色彩模式使用 HSL 模型为图像中每一个像素的 HSL 分量分配一个0 ~ 255范围内的强度值。HSL 图像只使用3种通道，将它们按照不同的比例混合，就可以在屏幕上重现16777216种颜色。在 HSL 模式下，每个通道都可使用0 ~ 255的值，如图2-2所示。

图2-1

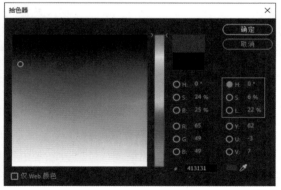

图2-2

3. RGB 色彩模式

RGB 色彩模式下的所有颜色都是由红、绿、蓝三原色组成，计算机中显示出来的色彩都是由三原色按不同的比例组合而来的。三原色中的每一种颜色一般都可包含256种亮度级别，3个通道合成在一起就可以显示出完整的颜色图像。

电视机或监视器等视频显示设备就是利用光的三原色进行色彩显示的。RGB 图像中的每个通道一般可包含28个不同的色调。通常提到的 RGB 色彩模式包含3个通道，在一幅图像中可以有224种（约1670万个）不同的颜色。

在Premiere Pro中通过调整红、绿、蓝3个通道的数值，可以改变图像的色彩，每个颜色通道的取值范围为0 ～ 255，如图2-3所示。当3个通道中的任意两个通道的数值都为0时，图像显示为黑色；当3个通道中的任意两个通道的数值都为255时，图像显示为白色。

4．YUV色彩模式

YUV是欧洲电视系统采用的一种颜色编码方法，是PAL（Phase Alternation Line，正交平衡调幅逐行倒相制，欧洲大部分地区使用的电视广播系统）和SECAM（Séquentiel Couleur Àvec Mémoire，行轮换调频制）模拟彩色电视制式采用的颜色空间。

在现代彩色电视系统中，通常采用三管彩色摄像机或彩色感光元件摄像机进行取像，然后把取得的彩色图像信号经分色、分别放大校正后得到RGB色彩模式，再经过矩阵变换电路得到亮度信号Y和两个色度信号U、V，最后发送端将亮度和色度的3个信号分别进行编码，用同一信道发送出去。这种色彩表示方法就是所谓的YUV色彩模式。YUV色彩模式的亮度信号Y和色度信号U、V是分离的，如图2-4所示。

图2-3

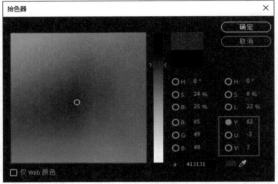

图2-4

5．灰度模式

灰度模式属于非彩色模式，它只包含256种不同的亮度级别，只有一个Black（黑色）通道。剪辑人员在图像中看到的各种灰度色调都是由256种不同强度的黑色表示的。灰度图像中的每个像素的颜色都采用8位二进制数进行存储。

知识点 2 图形术语

想要了解计算机上显示的图形，应先了解以下5个基本概念。

1．位图图形

位图图形也称为"光栅图形"，一般也称为"图像"，每一幅位图图形都包含特定数量的像素。每一幅位图图形的像素数量是固定的，当位图图形被放大时，由于像素数量不能满足更大图形尺寸的需求，会使图形看起来模糊，如图2-5所示。剪辑人员在创建位图图形时，必须指定图形的尺寸和分辨率。数字化的视频文件是由连续的位图图形组成的。

2. 矢量图形

矢量图形通过数学方程式产生，由数学对象所定义的直线和曲线组成，这些曲线被放在特定位置并填充有特定的颜色。对矢量图形进行移动、缩放或更改颜色等操作，都不会降低图形的品质，如图2-6所示。

图2-5

图2-6

矢量图形与分辨率无关，将它缩放到任意大小都不会遗漏细节或损伤清晰度，是生成文字（尤其是小号文字）的最佳选择。Premiere Pro中的字幕就是矢量图形。

3. 像素

像素是构成图形的基本元素，是位图图形的最小单位。若将影像放大数倍，会发现影像其实是由许多色彩相近的小方点组成的，这些小方点就是像素。它在屏幕上通常显示为单个的染色点。

4. 分辨率

分辨率是指屏幕图像的精密度，即显示器所能显示的像素的多少。由于屏幕上的点、线和面都是由像素组成的，所以显示器可显示的像素越多，画面就越精细，同样的屏幕区域内能显示的信息也越多。因此分辨率是非常重要的性能指标之一。

提示 当视频文件以72像素/英寸的分辨率显示时，即使图像的分辨率高于72像素/英寸，视频编辑应用程序中显示的图像品质看起来也会与72像素/英寸呈现出的效果相似，所以在选择和处理各种素材时，将分辨率设置成72像素/英寸即可。

5. 色彩深度

色彩深度指的是每个像素可显示出的色彩数，用多少位（bit）来表示，量化比特数越高，每个像素可显示出的色彩数目越多。8位色彩是256色；16位色彩称为"中彩色"；24位色彩称为"真彩色"，就是百万色。

提示 常见的32位色彩与24位色彩呈现出的画面效果没有区别，多出来的8位用来体现素材的半透明程度，即Alpha透明通道。

第2节 影视剪辑的基础名词

影像制作的发展日渐趋于大众化。如果想更进一步地从事专业制作工作，在学习专业编辑软件的同时，也要了解基础的影视编辑概念，从而使作品更专业化。本节主要讲解影视编辑制作中常用的基本概念。

知识点 1　线性编辑与非线性编辑

从影像存储介质角度看，影视剪辑技术的发展经历了胶片剪辑、磁带剪辑和数字化剪辑等阶段。从编辑方式角度看，影视剪辑技术的发展经历了以下两个阶段。

1．线性编辑

线性编辑是基于磁带的编辑方式。它利用电子手段，根据节目内容的要求，将素材组接成连续的画面。通常使用组合编辑将素材按顺序组接成新的连续画面，然后再以插入编辑的方式对某一段内容进行同样长度的替换。但要想删除、缩短、加长中间的某一段内容就非常麻烦了，除非将那一段内容之后的画面抹去，重新录制。

线性编辑方式有以下3点优势。

▌ 能发挥磁带随意录、随意抹去的特点。

▌ 能保持同步与控制信号的连续性，组接平稳，不会出现信号不连续、图像跳闪的情况。

▌ 声音与图像可以做到完全吻合，还可各自分别进行修改。

线性编辑方式的不足之处有以下6点。

▌ **效率较低**。线性编辑系统是以磁带为记录载体的，节目信号按时间线性排列，在寻找素材时摄像机需要进行卷带搜索，只能按照镜头的顺序进行搜索，不能进行跳跃式搜索，非常浪费时间，编辑效率低下，并且对摄像机的磨损也较大。

▌ **无法保证画面质量**。影视节目制作中一个重要的问题就是母带翻版时的磨损。传统编辑方式的实质是复制，是将源素材复制到另一盘磁带上的过程，复制过程中会对母带造成磨损。而模拟视频信号在复制时也会衰减，信号在传输和编辑过程中容易受到外部干扰，造成信号的损失，难以保证图像品质。

▌ **修改不方便**。线性编辑方式是以磁带的线性记录为基础的，一般只能按编辑顺序记录。虽然插入编辑方式允许替换已录磁带上的声音或图像，但是这种替换要求要替换的片段和磁带上被替换的片段时间一致，而且不能进行增删，不能改变节目的长度，这样不利于节目的修改。

▌ **流程复杂**。线性编辑系统连线复杂，设备种类繁多，各种设备性能不同、指标各异，会使视频信号产生较大的衰减，并且需要众多操作人员，操作流程复杂。

▌ **流程枯燥**。为制作一段十多分钟的节目，往往要对长达四五十分钟的素材进行反复审阅、筛选、搭配，才能大致找出所需的段落，然后需要大量的重复性机械劳动，过程较为枯燥，不利于发挥创意。

▌ **成本较高**。由于半导体技术发展迅速，设备更新频繁，成本较高，而且线性编辑系统所需硬件设备多、价格昂贵，各个硬件设备之间很难做到无缝兼容，这会极大地影响硬件的性能发挥，同时也给维护带来诸多不便。

综上所述，对于从事影视剪辑工作的人来说，线性编辑是一种急需变革的技术。

2．非线性编辑

非线性编辑是相对于线性编辑而言的。非线性编辑需要借助计算机进行数字化制作，几乎所有的工作都在计算机里完成，不再需要那么多外部设备，也能非常便捷地调用素材，不用反反复复在磁带上寻找，可以突破单一的时间顺序编辑限制，按各种想要的顺序排列，具有快捷简便、随机的特性。

非线性编辑可以多次编辑，且信号质量始终不会变低，节省了设备和人力，提高了效率。非线性编辑需要专用的编辑软件和硬件，现在绝大多数的影视制作团队都采用了非线性编辑系统。

从非线性编辑系统的作用来看，它能集摄像机、切换台、数字特技机、编辑机、多轨录音机、调音台、MIDI（Musical Instrument Digital Interface，乐器数字接口）、时基等设备于一身，几乎包括了所有的传统后期制作设备。这种高度的集成性，使得非线性编辑系统的优势更为明显，在影视行业占据着越来越重要的地位。

非线性编辑系统有以下5个优点。

▎**信号质量高**。在非线性编辑系统中，信号质量损耗较大这个缺陷是不存在的，无论编辑、复制多少次，信号质量都始终保持在很高的水平。

▎**制作水平高**。在非线性编辑系统中，大多数的素材都存储在计算机硬盘上，可以随时调用，不必再费时费力地逐帧寻找，就能迅速找到需要的画面。整个编辑过程就像文字处理一样，灵活方便。同时，多种多样、花样翻新、可自由组合的特技处理方式，使制作的节目丰富多彩，将制作水平提高到一个新的层次。

▎**系统寿命长**。非线性编辑系统对传统设备的高度集成，使后期制作所需的设备减至最少，有效地降低了成本。在整个编辑过程中，摄像机只需要启动两次，一次输入素材，一次录制节目带，从而避免了过度磨损摄像机，使摄像机的寿命大大延长。

▎**升级方便**。影视制作水平的不断提高，便将设备也要不断地升级，这一问题在传统编辑系统中很难解决，因为这需要不断投资。而使用非线性编辑系统，则能较好地解决这一问题。非线性编辑系统采用的是易于升级的开放式结构，支持许多第三方的硬件和软件。通常来说，功能的增加只需要通过软件的升级就能实现。

▎**网络化**。网络化是计算机的一大发展趋势，非线性编辑系统可充分利用网络传输数码视频、实现资源共享，还可利用网络与其他计算机协同创作。此外，非线性编辑系统还让数码视频资源的管理和查询变得更加轻松简单。目前在一些电视台的视频制作工作中，非线性编辑系统都在利用网络发挥着更大的作用。

非线性编辑系统的不足之处有以下3点。

▎需要大容量存储设备，录制高质量素材时需要更大的硬盘空间。

▎对计算机的稳定性要求高，在高负荷状态下计算机可能会发生死机现象，造成工作数据丢失。

▌ 对制作人员的综合能力要求高，要求制作人员在美学修养、计算机操作水平等方面均衡发展。

知识点 2　数字视频的基本概念

接下来，我们需要了解数字视频的以下5个基本概念。

1. 帧

帧（Frame）是构成动画的最小单位，即组成动画的每一幅静态画面，一帧就是一幅静态画面。无论是电影还是电视剧，都是利用动画的原理使图像产生运动。动画是将一系列差别很小的画面以一定速率连续放映而产生出动态视觉的技术。根据人类的视觉暂留现象，使连续的静态画面产生动态效果。

2. 帧速率

帧速率是视频中每秒包含的帧数，即每秒钟所播放的画面达到的数量。PAL制式影片的帧速率是25帧/秒，NTSC制式影片的帧速度是29.97帧/秒，电影的帧速率是24帧/秒，二维动画的帧速率是12帧/秒。

3. 场

在电视上，每一帧都有两个画面，电视机通过隔行扫描技术，把电视中的每个帧画面隔行抽掉一半，然后交错合成为一个帧的大小。由隔行扫描技术产生的两个画面被称为"场"（Field）。

场以水平隔线的方式保存帧的内容，在显示时先显示第一个场的交错间隔内容，然后再显示第二个场来填充第一个场留下的缝隙。每一个NTSC制式视频的帧大约显示1/30秒，每一个场大约显示1/60秒，而PAL制式视频的一帧显示时间是1/25秒，每一个场显示为1/50秒。

视频素材分为交错式和非交错式。当前大部分广播电视信号是交错式的，而计算机图形软件（包括Premiere Pro）是以非交错式显示视频的。

交错视频的每一帧由两个场构成，称为"场1"和"场2"，或者称为"奇场"和"偶场"，在Premiere Pro中称为"上场"（Upper Field）和"下场"（Lower Field）。这些场依照顺序显示在NTSC或PAL制式的监视器上，能产生高质量的平滑图像。

4. 场顺序

在显示设备将光信号转换为电信号的扫描过程中，扫描总是从图像的左上角开始水平向前进行的，同时扫描点也以较慢的速率向下移动。通常分为隔行扫描和逐行扫描两种扫描方式。

隔行扫描指显示屏在显示一幅图像时，先扫描奇数行，完成奇数行扫描后再扫描偶数行，因此每幅图像需扫描两次。

大部分的广播视频采用两个交换显示的垂直扫描场构成一帧画面，叫作"交错扫描场"。计算机操作系统是以非交错形式显示视频的，它的每一帧画面由一个垂直扫描场完成，电影胶片类似于非交错视频，每次显示整个帧场的扫描先后顺序称为"场顺序"，一般分为上场优先和下场优先两种。

5. 宽高比

宽高比是视频标准中的重要参数，可以用两个整数的比来表示，也可以用小数来表示，如4：3或1.33。电影、标清电视和高清晰度电视具有不同的宽高比，标清电视的宽高比是4：3或1.33，高清晰度电视和扩展清晰度电视的宽高比是16：9或1.78。电影的宽高比从早期的1.333到宽银幕的2.77，由于输入图像的宽高比不同，便出现了在同一宽高比屏幕上显示不同宽高比图像的问题。

像素宽高比是指图像中一个像素的宽度和高度之比。帧宽高比则是指一帧图像的宽度与高度之比。某些视频输出使用相同的帧宽高比，但却使用不同的像素宽高比。例如，某些NTSC数字化压缩卡采用4：3的帧宽高比，使用方像素（1.0像素比）及640像素×480像素的分辨率；DV-NTSC数字化压缩卡采用4：3的帧宽高比，但使用矩形像素（0.9像素比）及720像素×486像素的分辨率。

知识点 3 电视制式

电视信号的标准也称为"电视制式"，电视制式的区分主要在于其帧频（场频）的不同、分解率的不同、信号带宽和载频的不同、色彩空间转换关系的不同等。目前有以下3种电视制式。

1. NTSC制式

NTSC制式全称为"正交平衡调幅制"（National Television Systems Committee）。采用这种制式的国家主要有美国、加拿大和日本等。这种制式的帧速率为29.97帧/秒，每帧525行262线，标准画面尺寸为720像素×480像素。

2. PAL制式

PAL制式全称为"正交平衡调幅逐行倒相制"（Phase Alternation Line）。中国、德国、英国等采用这种制式。这种制式帧速率为25帧/秒、每帧625行312线，标准画面尺寸为720像素×570像素。

3. SECAM制式

SECAM制式全称为"行轮换调频制"（Séquentiel Couleur Àvec Mémoire）。这种制式帧速率为25帧/秒，每帧625行312线，标准画面尺寸为720像素×576像素。

知识点 4 常用视频尺寸

常用的4种视频标准尺寸如下。

1. 标清（Standard Definition，SD）

标清是指标准清晰度视频，就制式而言，PAL制式标清视频尺寸为720像素×576像素。

2．高清（High Definition，HD）

高于标清标准的视频被称为"高清视频"，如1280像素×720像素（也称"小高清"）、1920像素×1080像素（标准的高清视频尺寸，也称"全高清"）等。相对于标清视频而言，高清视频的画质有了很大幅度的提高。

> **提示** 在声音方面因为采用了先进的解码与环绕立体声技术，所以可以带来更真实的现场感受。就存储发行介质而言，一般标准DVD光盘存储的是标清视频，画面大小一般为720像素×576像素（PAL制式）或720像素×480像素（NTSC制式），而蓝光光盘一般存储高清视频，画面大小一般为1280像素×720像素或1920像素×1080像素。

3．2K

2K分辨率是指屏幕或者内容的水平分辨率达约2000像素的分辨率等级，标准的2K分辨率为2048像素×1080像素。

4．4K

4K分辨率是指屏幕的物理分辨率达3840像素×2160像素，且能接收、解码、显示相应分辨率视频信号的电视。4K视频的分辨率约是全高清（1920像素×1080像素）的4倍，约是小高清（1280像素×720像素）的9倍。以上所述效果如图2-7所示。

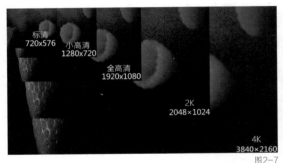

图2-7

> **提示** 720P、1080P等表示的是"视频像素的总行数"。例如，720P表示视频有720行像素数，而1080P则表示视频总共有1080行像素数，1080P分辨率的摄像机通常像素数是1920像素×1080像素。P本身表示的是"逐行扫描"，是Progressive的简写，相对于隔行扫描（Interlaced）。
>
> 2K、4K等表示的是"视频像素的总列数"。如4K，表示的是视频有4000列像素数，具体是3840或4096列。4K分辨率的摄像机通常像素数是3840像素×2160像素或4096像素×2160像素。

第3节 镜头语言概述

镜头语言就是让镜头像语言一样表达我们的意思，我们通常可通过摄像机拍摄出来的画面看出拍摄者的意图，因为可从拍摄者拍摄的主题及画面的内容，去感受他透过镜头所要表达的意图。能够充分明确地感受拍摄者的意图的主要原因在于镜头景别发生了变化，从而引发观众的思考。下面将讲解镜头语言中最基本的知识。

知识点 1 景别

景别主要是指因摄像机同被摄对象间的距离不同，而造成被摄对象在画面中所呈现出的范围大小的区别。为了使景别的划分有个较统一的尺度，通常以画面中被摄人物的大小作为划分，如在画面中无人物，就按景物与人的比例来参照划分。景别的划分没有严格的界限，一般分为远景、全景、中景、近景和特写。

▍**远景**指摄像机远距离拍摄被摄对象的镜头。镜头离被摄对象比较远，使最终画面较为开阔、景深悠远。此种景别能充分展示人物活动的环境空间，可以用来抒发感情、渲染气氛、创造某种意境。

远景中视距最远的景别称为"大远景"。它的取景范围最大，适合表现辽阔广袤的景色，能创造深邃的意境。远景画面的处理，一般重在"取势"，表现规模、气氛、气势，不细琢细节。远景画面包容的景物多，拍摄时间要长一些，如图2-8所示。

▍**全景**指出现人物全身形象或场景全貌的镜头。此种景别的视野相对小些，既能看清人物又可看清环境，故可以表现人物的整体动作以及人物和周围环境的关系，展示一定空间中人物的活动过程，如图2-9所示。

图2-8   图2-9

▍**中景**指显示人物膝盖以上部分形象的镜头。此种景别中的人物占空间的比例增大，观众能看清人物的形体动作，并能够比较清楚地观察到人物的神态表情，从而反映出人物的内心情绪。

中景在主要表现人物的同时，也为人物提供一定的活动范围，在影视作品中是使用较多的基本景别，如图2-10所示。

▍**近景**指表现成年人胸部以上部分或物体局部的镜头。此种景别更加集中于被摄人物主体，画面包含的空间范围极其有限，主体所处的环境空间几乎被排除出画面以外。

图2-10

近景是表现人物面部神态和情绪、刻画人物性格的主要景别，用它可以充分表现人物或物体富有意义的局部，如图2-11所示。

▍**特写**指表现人物肩部以上部位或有关物体、景致的细微特征的镜头。此种景别能把表现的对象从周围环境中强调、突出出来，近而使观众去注意某一关键性细节，如图2-12所示。

图2-11　　　　　　　　　　　　　　　　　　　　　　　　图2-12

提示　当视距非常近时，诸如拍摄惊愕的眼睛、欲滴的泪水、颤抖的睫毛、抽搐的肌肉等，会呈现出强烈而清晰的视觉形象，这种景别被称为"大特写"。它可以突出人物细致的表情或动作；可以反映特写环境，使某个物件的含义变得深刻；还可以与其他景别镜头交叉使用，使节奏加快，营造紧张激烈的气氛。特写镜头不宜毫无节制地滥用，否则会削弱它的表现力，一般应和全景结合起来使用。

知识点 2　景别组接类型

不同景别的组接可以分为以下5种类型。

1. 前进式：全景+中景+近景+特写

前进式常用在影片的开篇，符合人们观察事物的基本规律能够把人们的注意力从环境逐步引向细节，以突出中心，增强观众对主体的兴趣和情感。

2. 后退式：特写+近景+中景+全景

后退式也适合用在影片的开篇，让观众产生期待感，能够调动观众观察事物的好奇心。

3. 同等式：相同景别组接

同等式可以通过比较积累加深印象、产生情绪或表达思想，从而突出某个主题，有强烈的主观意图。由于景别相似会给剪辑带来不便——画面剪辑会过于跳跃、视觉体验不佳，所以要用一组不同角度的镜头进行组接。

4. 两级式：跨度大的景别组接到一起

两级式能够达到震撼人心的效果，广告宣传片里应用较多，有强烈的视觉冲击性，可加快故事的节奏。

5. 循环式：前进式和后退式的结合

景别从近到远又由远而近，或从远到近又由近而远。

循环式是以某个景物为轴心，由两组互相对应而变化相反的景别组接而成的一种新的结构形式。作为轴心的镜头，是最突出的。它不仅在景别的发展中承上启下，而且在节奏的变化上也起到了重要的作用，是前后连接和转换的中心环节。整个画面由弱到强再转为弱，或由强到弱再转为强，因而会使节奏起伏变化。这种节奏适于表现由强烈到平静又回到强烈，或者变化完全相反的情感跌宕的心理描写画面。

第4节 影视剪辑工作的基本流程

任何非线性编辑的工作流程，都可以简单地看成输入、编辑、输出这3个步骤。当然由于不同软件在功能上存在差异，其使用流程还可以进一步细化。以 Premiere Pro 为例，其使用流程主要分为以下5个步骤。

▌**素材输入**。将数字视频存储到计算机中，成为可以处理的素材，也可以把其他软件处理过的图像、声音等导入 Premiere Pro 中。

▌**素材编辑**。素材编辑就是设置素材的入点与出点，以选择最合适的部分，然后按时间顺序组接不同素材的过程。

▌**特技处理**。对于视频素材，特技处理包括转场、特效、合成、叠加。对于音频素材，特技处理包括转场、特效。令人震撼的画面效果，就是经过特技处理产生的。

▌**字幕制作**。字幕是视频中非常重要的部分，它包括文字和图形两个方面。在 Premiere Pro 中制作字幕很方便，并且还有大量的模板可以选择。

▌**输出与生成**。视频编辑完成后，就可以输出回录到录像带上，也可以生成视频文件，发布到网上，刻录成 VCD 和 DVD 等。

本课练习题

判断题

（1）矢量图是由像素点构成。（　　　）

（2）在 Premiere Pro 中可以创建矢量元素。（　　　）

（3）PAL 制式的电视帧率为 29.97 帧/秒。（　　　）

（4）4K 视频的尺寸大小为 2048 像素×1024 像素。（　　　）

（5）全景+中景+近景+特写是前进式景别类型。（　　　）

（6）全景是表现人物情绪的主要景别。（　　　）

（7）后退式景别类型不可以用在影片的开篇。（　　　）

（8）标准的高清视频尺寸为 1920 像素×1080 像素。（　　　）

参考答案

（1）错；（2）对；（3）错；（4）错；（5）对；（6）错；（7）错；（8）对。

第 **3** 课

软件入门

Premiere Pro是一款强大、专业、易用、画面质量比较好的视频编辑软件，有较好的兼容性，且可以与Adobe公司开发的其他软件相互协作。它被广泛应用于电视剧、广告、电影等制作领域。

本课主要讲解Premiere Pro 2020的基础知识，从认识界面开始，到如何创建项目、如何正确使用序列预设、如何快速匹配媒体序列等。这些流程至关重要，其中的任何一个环节出错，都会影响后续的工作。

本课知识要点
- ◆ 界面概述
- ◆ 自定义工作区
- ◆ 项目设置
- ◆ 创建序列
- ◆ 创建自动匹配源媒体的序列

第1节 初识Premiere Pro 2020

本节主要讲解Premiere Pro 2020菜单栏的各项内容，以及如何自定义工作区。

知识点 1 界面概述

Premiere Pro 2020的初始界面主要由菜单栏、源窗口、节目窗口、"项目"面板、预设面板、"效果"面板、"效果控制"面板音频剪辑混合器、工具箱等组成，如图3-1所示。

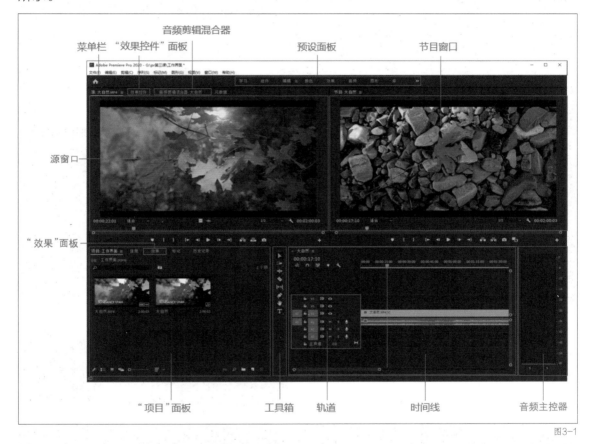

图3-1

"项目"面板是素材文件的管理者，将素材导入"项目"面板后，会在"项目"面板中显示素材的名称、帧速率、长度等信息，如图3-2所示。

名称	帧速率 ∧	媒体开始	媒体结束	媒体持续时间	视频入点	视频出点
大自然.MP4	24.00 fps	00:00:00:00	00:02:00:02	00:02:00:03	00:00:00:00	00:02:00:02
神奇奥大利亚.MP4	24.00 fps	00:00:00:00	00:03:59:12	00:03:59:13	00:00:00:00	00:03:59:12

图3-2

源窗口又称为"素材窗口"，双击"项目"面板中的素材，即可在源窗口中进行查看。

节目窗口用来查看时间线上的当前序列。

"效果"面板为素材提供一些效果，包括预设、视频效果和过渡、音频效果和过渡等。"效果"面板是按类型分组的，方便用户查找。"效果"面板顶部有一个搜索框，可以快速找到其中某一个效果，如图3-3所示。在对素材添加效果后，这些效果的编辑属性会显示在"效果控件"面板中，如图3-4所示。

图3-3

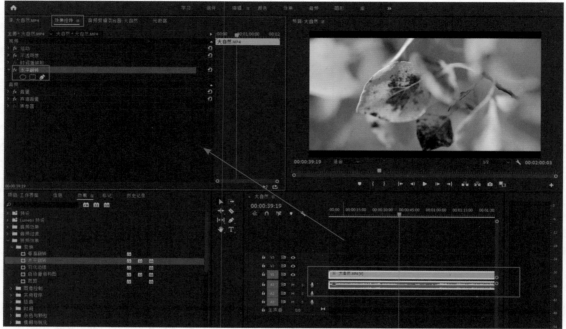

图3-4

工具箱中的工具都是用来编辑素材文件的，如图3-5所示，单击其中某一个工具按钮，移动鼠标指针到时间线序列上，鼠标指针会变成该工具的形状，如图3-6所示。

图3-5

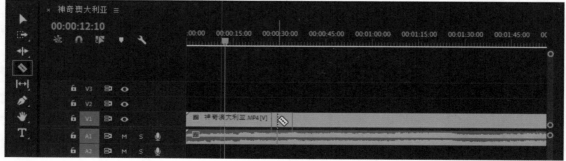

图3-6

预设面板中包含很多种关于工作界面各个区域分布的预设，第一次打开软件后，看到的默认工作界面是预设面板中的学习模式，为了满足不同的工作需求，Premiere Pro 2020提供了多种预设面板，如图3-7所示。多种预设面板可以让用户更容易进行特定任务。例如，编辑视频时，选择编辑模式；处理音频时，选择音频模式；校正颜色时，选择颜色模式。用户也可以根据自身需求，自定义预设面板。虽然预设面板的模式较多，但是每种模式都是相通的，只是工作界面的布局、侧重点不一致而已。初期学习时，建议选择编辑模式，它是一种常用的预设面板，如图3-8所示。

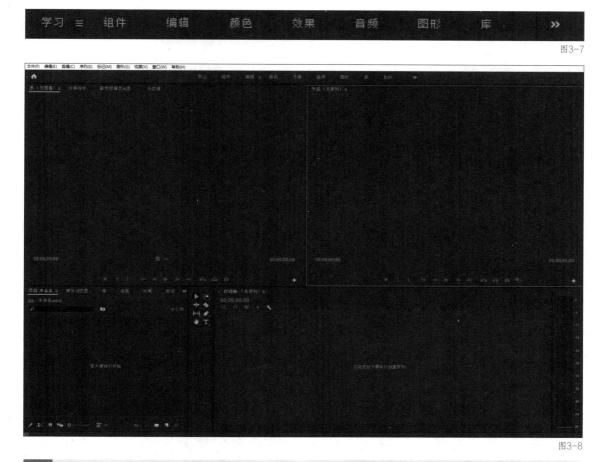

图3-7

图3-8

提示 当对多个面板进行合并时，可能无法查看到所有面板的名称，此时就会显示一个合并箭头按钮 ». 单击按钮 »，可以显示面板中的所有选项卡，如图3-9所示。

图3-9

知识点2 自定义工作区

虽然软件有很多的预设面板可供使用，但是用户通常会根据个人的工作习惯及需求，创建属于自己的工作面板，这样可以提高工作效率。接下来介绍如何自定义工作区。

　　首先需要思考如何调整现有的工作区、如何拆分工作区，以及如何重组工作区。具体的操作方法如下。

　　工作界面是由多个框架组成，如图3-10所示（图中用数字标注了4个框架，方便区分和观察）。把鼠标指针放在左右相邻框架的垂直分隔条上，鼠标指针将变成双箭头，如图3-11所示，左右拖曳鼠标指针即可改变框架的尺寸。

图3-10　　　　　　　　　　　　　　　　　　　　　图3-11

　　单击"项目"面板中的"项目：01"，"项目"面板所在的框架即被选中，如图3-12所示，蓝色外框即为框架。同时按住Ctrl键，将"项目"面板从所在的框架中拖曳出来，成为一个独立的浮动面板，如图3-13所示。

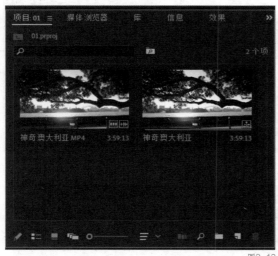

图3-12　　　　　　　　　　　　　　　　　　　　　图3-13

　　所有的面板都可以从一个初始框架拖曳到另一个框架内，如图3-14所示。

　　掌握以上知识点后，下面做一个保存自定义工作区的练习。

　　■ 1. 将预设面板切换成编辑模式，按住Ctrl键单击"项目"面板的名称"项目：工作界面"，将它拖曳出来，成为浮动面板，如图3-15所示。

图3-14

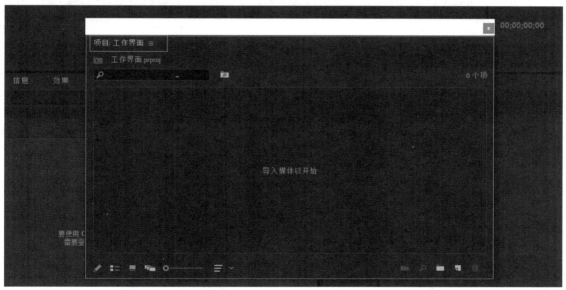

图3-15

■ 2．单击浮动面板的名称"项目：工作界面"，将面板拖曳到源窗口所在的框架内，此时，拖曳区域显示为蓝色矩形，如图3-16所示。松开鼠标后，"项目：工作界面"会出现在源窗口所在的框架内，并成为该框架内的一个选项卡，如图3-17所示。

■ 3．将"效果"面板以同样的方式拖曳到该框架内，如图3-18所示。

■ 4．分别单击"项目"面板和"效果"面板的名称，向左拖动鼠标指针至源窗口，选项卡的最左侧，排列顺序如图3-19所示。

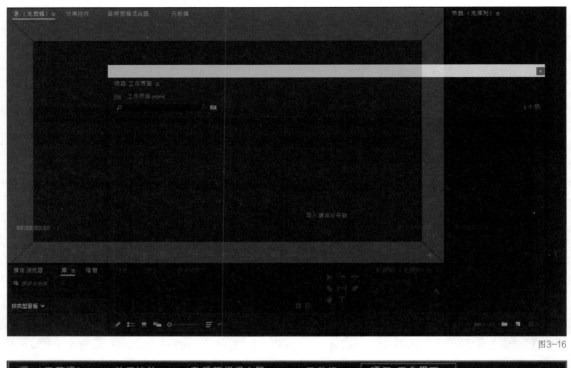

图3-16

源: (无剪辑)	效果控件	音频剪辑混合器:	元数据	项目: 工作界面 ≡

图3-17

源: (无剪辑)	效果控件	音频剪辑混合器:	元数据	项目: 工作界面	效果 ≡

图3-18

项目: 工作界面 ≡	效果	源: (无剪辑)	效果控件	音频剪辑混合器:	元数据

图3-19

提示 当框架缩小时，框架中位于后方的选项卡会被智能隐藏。当双击"项目"面板导入素材时，需要在隐藏选项卡中寻找，很不方便，所以需要把重要的选项卡都移至前方，提高工作效率，如图3-20所示。

图3-20

■ 5. 单击"源"面板名称，将它拖曳到"节目"面板所在的框架内。若拖曳区域显示为梯形，如图3-21所示，则松开鼠标，这时工作区出现一个只包含"源"面板的新框架，不会成为"节目"面板所在框架中的另一个选项卡，如图3-22所示。

提示 在创建自定义工作区时，单击想要拖曳的面板的名称，拖曳该面板到所选框架时，Premiere Pro 2020会显示一个拖曳区域。如果该区域是蓝色矩形，那么这个面板会变成所选框架中的另一个选项卡。如果该区域是蓝色梯形，那么这个面板会创建一个只有该选项卡的新框架。记住这两种拖曳显示区域的形状，不可记混。

图3-21

图3-22

■ 6. 创建好新的工作区后，在菜单栏中，执行"窗口－工作区－另存为新工作区"命令，如图3-23所示，弹出"新建工作区"对话框，根据需要设置名称，单击"确定"按钮，如图3-24所示。保存后的工作区在预设面板中显示，如图3-25所示。

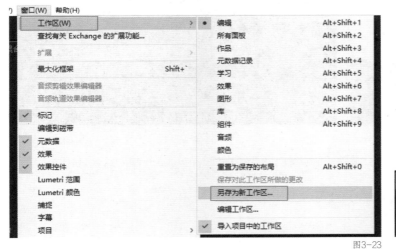

图3-23

图3-24

图3-25

■ 7. 如果希望把现有的工作区返回其默认布局，在菜单栏中，执行"窗口－工作区－重置为保存的布局"命令即可。

知识点3 恢复默认设置

Premiere Pro 2020在运行一段时间后，可能会出现一些问题，例如，在执行操作命令时没有反应，或者有些工具命令找不到、显示不出来等，这时可以把软件恢复默认设置，具体方法如下。

■ 1. 关闭软件。

■ 2. 同时按住Ctrl+Shift+Alt键，把鼠标指针移动到Premiere Pro 2020程序图标处，单击鼠标右键并执行"打开"命令（切记不要松开Ctrl+Shift+Alt键），如图3-26所示。

图3-26

■ 3. 软件打开后，弹出一个对话框，单击"确定"按钮，如图3-27所示。

■ 4. 当出现欢迎使用界面时，说明Premiere Pro 2020已成功恢复到默认设置，如图3-28所示。

图3-27　　　　　　　　　　　　　　　　　　　　　图3-28

提示 恢复默认设置是指恢复到初次安装软件后的状态，以前设置过的参数都恢复到默认的设置。

第2节　项目设置

在开始编辑视频之前，需要创建一个新的项目，如同绘画需要先准备画纸一样，这是至关重要的一步。本节主要讲解创建项目的方法，以及打开软件后一定要设置的选项命令，此节决定了工作内容是否能顺利完成。

知识点1　创建项目

启动软件，出现欢迎使用界面，如图3-29所示。欢迎使用界面有"新建项目""打开项目"和"新建"这3个选项。下面分别讲解这3个选项的含义。

▌**"新建项目"** 用于创建项目。创建项目是开始工作的第一步，要创建一个项目，才能在这个项目里做具体的工作。

▌**"打开项目"** 用于打开一个保存好的项目工程文件。

▌ **新建**。第一次启动软件时，才会显示"新建"选项。"新建"和"新建项目"作用相同，第二次打开软件时就不会出现了。单击"新建"按钮，打开"新建项目"对话框，如图3-30所示。

图3-29

"位置"用于设置储存项目相关文件的路径，应选择计算机空间最大的磁盘，最好不是C盘，还需要创建一个文件夹，因为在编辑时会生成多个文件，创建文件夹可以避免找不到生成的文件。

"名称"用于对项目进行命名，不要用默认名称，若文件较多，都使用默认名称，前面创建的文件会被替换掉。

图3-30

知识点2 首选项设置

首选项设置能够对软件起到优化作用，使软件使用起来更符合用户的操作习惯，它可以提高工作效率。首选项里的命令，多数是可以保持默认设置的，但是有几个命令必须要进行修改。

■ 1. 在菜单栏中，执行"编辑-首选项"命令，如图3-31所示，打开"首选项"对话框，如图3-32所示。

■ 2. 单击"外观"选项，可以调节软件界面的明暗，将滑块向左移动时界面变暗，向右移动时界面变亮。单击"默认"按钮，将恢复软件的默认界面颜色，如图3-33所示。

■ 3. 单击"自动保存"选项，如果工作几小时后，突然出现停电、系统崩溃、软件无法响应等问题，且没有及时保存文件的话，将丢失大量的工作文件，因此设置自动保存是非常重要的，如图3-34所示。"自动保存时间间隔"越短，自动保存的文件越密集。"最大项目版本"是自动保存项目文件的最大数量，当自动保存的文件超过最大数量后，新生成的文件将替换掉第一个文件。

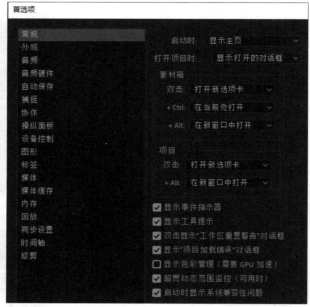

图3-31

图3-32

提示　在图3-35中，"自动保存时间间隔"为"5分钟"，代表每5分钟自动保存一次。"最大项目版本"为"10"，代表存储项目文件的数量为10个，当自动保存到第11个时，保存的第1个文件就会被第11个文件覆盖，以此类推。

■ 4. 单击"媒体缓存"选项，在项目编辑过程中，会产生一定的数据缓存，如不及时清理会造成系统盘容量不足，软件运行不流畅等情况发生。在图3-35中，媒体缓存文件的位置是可以重新指定的。在"媒体缓存文件"选项的下方，"移除媒体缓存文件"是清理缓存的意思。在工作时需要定期清理媒体缓存文件。

图3-33

图3-34

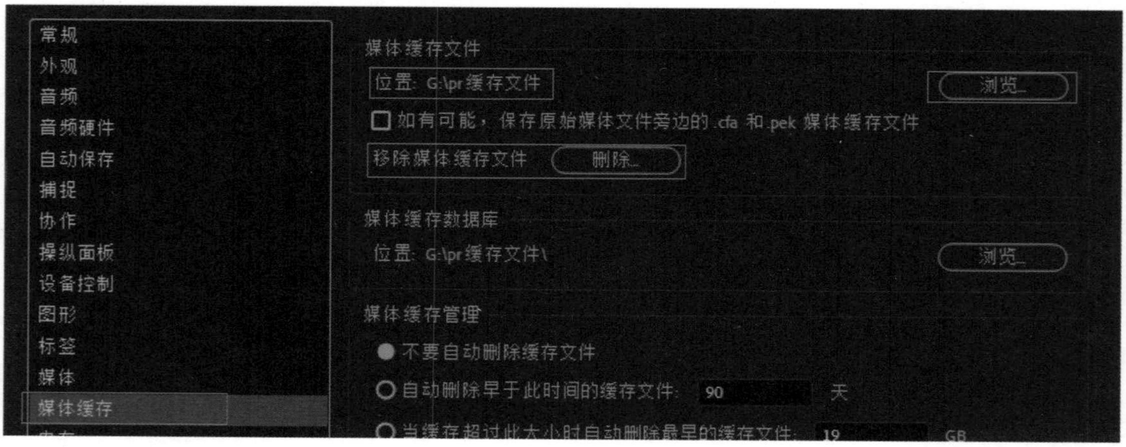

图3-35

第3节 序列设置

第2节讲到创建项目如同绘画前需要准备画纸一样，是至关重要的一步。那本节知识点就如同在画纸上创建一个大小合适的画板，两者配合才能完美呈现出最终效果。同样的，做视频也是一样，需要创建一个合适的序列来放置素材。本节重点讲解创建序列的方法以及素材如何快速匹配序列的方法。

知识点 1 创建序列

下面讲解常用的创建序列的两种方法。

▌ 在菜单栏中，执行"文件－新建－序列"命令（快捷键Ctrl+N），如图3-36所示。

▌ 单击"项目"面板底部的"新建项"按钮■，弹出一个新建项目的子面板，单击"序列"选项，此时，新建好的序列会出现在"项目"面板中，如图3-37和图3-38所示。

图3-36

图3-37

图3-38

知识点 2 设置序列

"新建序列"对话框有4个选项卡，分别是"序列预设""设置""轨道"和"VR视频"，如图3-39所示。

主要选项卡的功能如下。

▌ **序列预设**：软件提供了多种可用预设，单击某个预设，可以查看其具体格式。

目前亚洲地区常用的序列类型是HDV-HDV 720p25。720p25指的是分辨率为1280像素×720像素，每秒播放25帧画面，如图3-40所示。

▌ **轨道**：创建序列时，可优先创建视频轨道和音频轨道的数量，在后续编辑中也可以添加和删除轨道，如图3-41所示。

▌ **设置**：又称为"自定义序列设置"，是本节的重点。

图3-39

图3-40

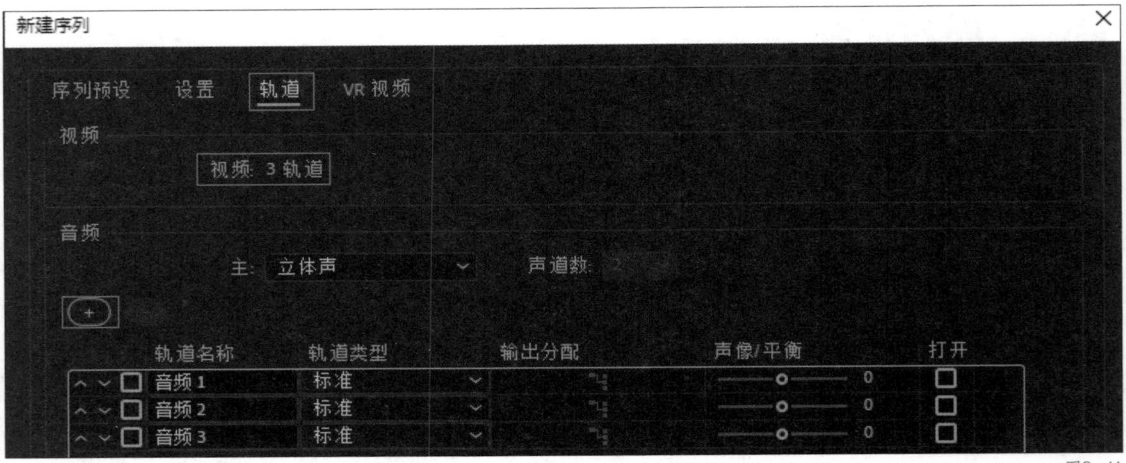

图3-41

创建好序列后，可能会临时调整序列设置来满足特定的交付需求，这时就需要自定义序列设置。

■ 1. 选择一个与视频素材相匹配的预设序列，然后在菜单栏中，执行"文件-新建-序列"命令（快捷键Ctrl+N），打开"新建序列"对话框，选择设置模块，将"编辑模式"设置为"自定义"。"视频"的设置如图3-42所示。

提示 先不用考虑这些参数，自上而下地查看每个选项，了解设置一个序列所需的流程。

■ 2. 调整预设后，单击"保存预设"按钮，弹出"保存序列预设"对话框，输入名称，如图3-43所示。此时预设出现在"序列预设"选项卡中的"自定义"文件夹里，如图3-44所示。

图3-42

图3-43

■ 3. 设置好序列名称，单击"确定"按钮。自定义序列创建完成。

知识点 3 创建自动匹配源媒体的序列

在工作中，如果不确定应选择哪种序列设置，不要担心，可以基于素材创建一个序列。素材媒体匹配序列有两种方法。

图3-44

▌ 双击"项目"面板，导入素材，如图3-45所示。

图3-45

按住鼠标左键拖曳素材到"新建项"按钮█处，创建一个序列，如图3-46所示。此时，该序列的尺寸大小和素材尺寸大小一致，自动匹配序列创建完成，如图3-47所示。

图3-46

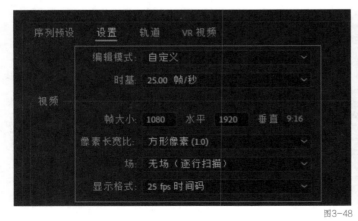

图3-47

▌按快捷键Ctrl+N，新建一个竖版序列，选择设置模块，将"编辑模式"设置为"自定义"，"视频"设置如图3-48所示，单击"确定"按钮，序列创建完成，如图3-49所示。

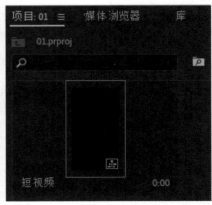

图3-48　　　　　　　　　　　　　　　　　　图3-49

双击"项目"面板，导入素材，把素材拖曳到时间线上。如果序列和素材的尺寸不一致，

会弹出"剪辑不匹配警告"对话框，
如图3-50所示。

单击"保存现有设置"按钮，此
时素材会以原始尺寸大小显示在节目
窗口中，如图3-51所示。

图3-50

图3-51

把鼠标指针移动到素材上，单击鼠标右键，执行"缩放为帧大小"命令，如图3-52所
示。素材会自动匹配当前序列大小，如图3-53所示。

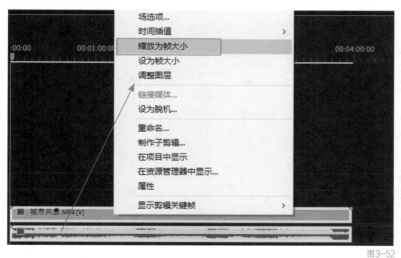

图3-52

图3-53

本课练习题

1. 简答题

（1）如何保存自定义工作区？

（2）如何将一个面板拖动为浮动的面板？

（3）在"新建序列"对话框中设置选项的用途是什么？

（4）创建序列有哪几种方法，分别是什么？

参考答案

（1）调整好工作区后，在菜单栏中，执行"窗口－工作区－另存为新工作区"命令。

（2）按住Ctrl键，同时单击面板名称，将其拖曳出来，即可成为一个独立浮动的面板。

（3）设置选项用于自定义一个现有的预设或者创建一个新的自定义预设。

（4）有两种方法：①在菜单栏中，执行"文件－新建－序列"命令（快捷键Ctrl+N）创建序列；②单击"项目"面板底部的"新建项"按钮█，弹出一个新建项目的子面板，单击"序列"选项创建序列。

2. 操作题

运用本课讲解的Premiere Pro 2020的基本操作知识，打开提供的任意素材，创建一个1280像素×720像素、25p的序列，同时素材需要匹配该序列。

第 **4** 课

素材管理、素材导入和输出设置

使用 Premiere Pro 2020进行剪辑工作的前提是要有丰富的视、音频素材，这些素材是构成剪辑作品的基本元素，对素材进行有序的管理是做好剪辑工作的前提。制作项目的初始环节是分析剧本，接着导演确定创作意图和拍摄风格，然后将素材按照场景或特定的逻辑进行分类。素材管理就是将素材分别存储到不同的文件夹内，同时导入软件内，并做好分类整理。

素材整理好后导入软件内进行编辑，导入时会遇到不同格式的素材，格式不同的素材其导入设置的方式也不同。导入素材后，对素材进行编辑，最后渲染输出。渲染输出设置针对不同的视频格式也会有不同的要求。

本课主要讲解素材文件夹如何分类命名，不同格式素材导入软件中的设置，以及最终渲染输出的设置。

本课知识要点

◆ 不同格式素材的导入流程　　◆ 素材代理的设置

◆ 查看素材的方法　　◆ 输出设置

第1节　素材的整理

　　在计算机中选择存储容量大的磁盘存储项目文件，将所有与项目相关的素材存储到项目文件夹内，文件夹的命名可根据具体的项目来定。如命名为"酷炫旅拍剪辑"的文件夹，在其内部可细分其他类别的名称，效果如图4-1所示。

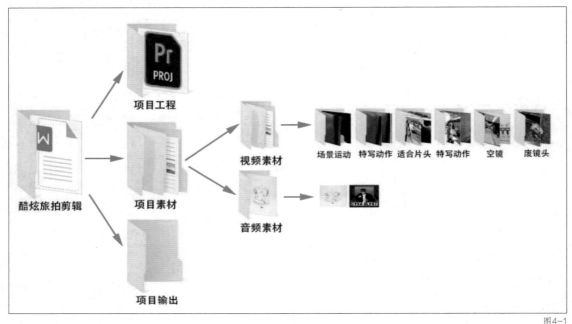

图4-1

　　"项目工程"文件夹用来存储Premiere Pro 2020的工程数据，如图4-2所示。每一次修改了项目后，要有另存为新工程文件的习惯，避免丢失最原始的工程文件。同时在此文件夹内，还会生成一个自动保存的文件夹"Adobe Premiere Pro Auto-Save"，一旦软件报错退出，没有及时手动保存，可在此文件夹内找到软件自动保存的工程文件。

图4-2

　　"项目素材"文件夹主要用于存储素材，根据素材类型的不同（如视频和音频）可分开存放。在视频素材中，根据对素材的了解，归类存放得越明确，剪辑时查找素材就越方便。

　　"项目输出"文件夹主要用于存储最终渲染输出的视频文件。

　　根据项目类型的不同，可对文件夹进行相应的分类，前期做好素材的分类管理，后期的剪辑效率才会提高。

第2节 素材的导入

当外部素材归类好之后，在运用Premiere Pro 2020进行编辑前，首先要对素材的格式类型进行了解，再快速导入整理好的素材。下面先讲解Premiere Pro 2020支持的文件格式。

知识点 1 Premiere Pro 2020 支持的文件格式

Premiere Pro 2020支持导入多种格式的素材，包括视频格式、音频格式和图像格式等。支持导入的素材格式分类如下。

▍**视频格式：**MP4、MPEG/MPE/MPG、DV、AVI、MOV、WMV等。

▍**音频格式：**WAV、WMV、MP3、AIFF、MOV、AVI、OpenDML等。

▍**图像格式：**AI、PSD、BMP/DIB/RLE、EPS、FLC/FLI、GIFICO、JPEG/JPE/JPG/JFIF、PCX、PICT/PIC/PCT、PNG、PRTL、PSD、TGA/ICB/ VST/DA、TIF等。

▍**项目格式：**AAF、AEP、EDL、PLB、PPL、PREL、PRPROJ、PSQ、PSD、XML等。

常用的视频格式有MP4、MOV、AVI等，音频格式有MP3、WAV等，图像格式有JPEG、PNG等，项目格式类型有PSD、AEP等。

> 提示 当Premiere Pro 2020遇到不支持的素材格式时有两种解决方法，第一种是检查计算机是否安装QuickTime Player，第二种是使用转换格式软件进行格式转换。

知识点 2 导入素材

当整理好大量的素材后，需要将素材快速导入软件中进行编辑。下面讲解导入素材的两种方法。

1. 在"项目"面板中导入素材

双击"项目"面板中的空白区域，如图4-3所示，或者在菜单栏中执行"文件-导入"命令，快捷键为Ctrl+I，如图4-4所示，弹出"导入"对话框。在对话框中选择需要导入的素材文件，单击"打开"按钮将素材导入软件中，如图4-5所示。

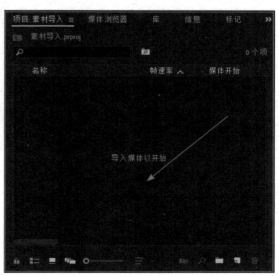

图4-3

图4-4　　　　　　　　　　　　　　　　　　　　　　　　　　　　图4-5

2. 在"媒体浏览器"面板中导入素材

　　"媒体浏览器"面板是一个微型的文件浏览器，在此面板中可以很方便地进行文件浏览和查找，可以快速找到需要调用的素材文件。单击"媒体浏览器"选项卡，面板左侧显示计算机中的硬盘分区和各种读卡器等设备，面板右侧显示素材文件，如图4-6所示。

　　将鼠标指针移至素材上，单击鼠标右键，如图4-7所示，执行"导入"命令，将素材快速导入"项目"面板中；执行"在源监视器中打开"命令，将在源窗口中查看素材内容，而素材不导入"项目面板"中；执行在"资源管理器中显示"命令，将自动打开文件所在位置的窗口，方便查找素材存储的路径。

图4-6　　　　　　　　　　　　　　　　　　　　　　　　　图4-7

知识点 3　不同格式素材的导入流程

　　剪辑中用到的素材多数为视频格式，但也可能是其他格式，下面讲解3种特殊文件格式的导入方法。

1. 导入图片序列

图片序列是由序列帧构成，每一幅图片代表一帧。能生成序列的软件有很多，如After Effects、Cinema 4D、3ds Max、Maya和Nuke等。导入时选中第1帧，勾选左下角"图像序列"复选框，单击"打开"按钮，序列中的图片将以数字序号为序进行排列，以动态素材的形式导入项目中，如图4-8所示。

2. 导入Photoshop工程

Photoshop是图像处理软件，它的工程文件可以记录分层信息，在 Premiere Pro 2020中导入Photoshop工程文件时，可读取其分层文件。

在"项目"面板中的空白区域双击，弹出"导入"对话框，选择Photoshop的工程文件，单击"打开"按钮，弹出"导入分层文件"对话框，设置如图4-9所示。在"导入为"下拉列表框中，可以选择不同的导入选项，如图4-10所示。

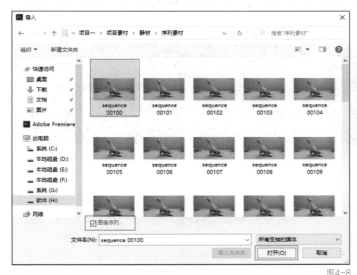

图4-8

图4-9

图4-10

"**导入为**"下拉列表框中各选项说明如下。

▎"**合并所有图层**"用于合并Photoshop文件的所有图层。

▎"**合并的图层**"用于选择需要合并的图层。

▎"**各个图层**"用于选择单个图层并导入。

▎"**序列**"用于以序列的方式导入分层的 Photoshop文件。

在"导入为"下拉列表框中选择"序列"选项，素材尺寸将保持默认，单击"确定"按钮，将素材导入软件，效果如图4-11所示。选择图层大小，所有图层以项目大小为主，所有图层的中心点为项目中心点，保留Photoshop中的画面构图。

3. 导入After Effects工程

After Effects是图形视频处理软件，与Photoshop工程文件不同，After Effects导入Premiere Pro 2020中的文件不能展开分层细节，导入时只能选择After Effects中的一个合成文件，如图4-12所示。最终以动态视频的效果显示，如图4-13所示。

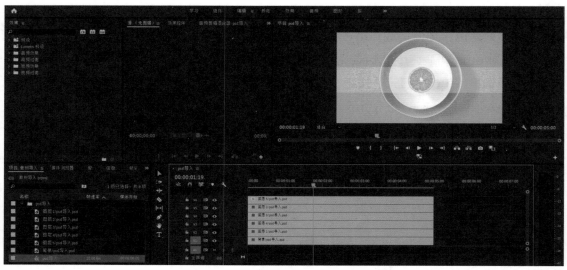

图4-11

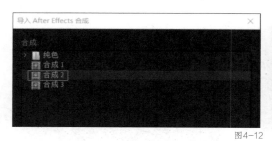

图4-12

图4-13

Premiere Pro 2020还可以导入由同系列软件生成的项目文件（包括相同Premiere版本或早期的Premiere版本），导入项目文件也称为"项目嵌套"。这种方法可以将多个Premiere项目文件进行合并处理。当进行比较复杂的编辑工作时，可以分开编辑项目。最后进行项目嵌套，提高工作效率。

第3节 "项目"面板内素材的查看与整理

本节主要讲解在"项目"面板中查看素材以及管理素材的方法。

知识点1 查看素材的方法

"项目"面板提供了3种素材显示方式，分别是列表视图■、图标视图■和自由变换视图■。列表视图显示每个素材的具体信息，如图4-14所示；图标视图仅显示素材中的一帧画面，如图4-15所示；自由变换视图支持在"项目"面板中随意摆放素材，如图4-16所示。

在列表视图的显示状态下单击按钮■，弹出面板菜单，如图4-17所示。选择"缩览图"选项后，素材将以列表视图模式显示，同时显示素材的画面内容，有助于快速筛选素材，如

图4-18所示。

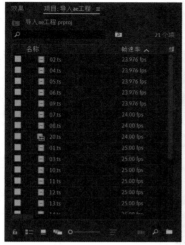

图4-14　　　　　　　　　　　　图4-15　　　　　　　　　　　　图4-16

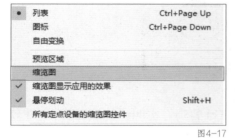

图4-17

图4-18

知识点 2　管理素材的方法

在"项目"面板内管理素材有以下两种方法。

1. 建立文件夹

单击"项目"面板底部的■按钮，或按快捷键Ctrl+B，创建一个文件夹。单击文件夹，可以自定义名称。拖曳素材到文件夹内，能够将素材分类，文件夹中可以包含文件、序列和其他的一些子文件夹，显示方式为树形显示方式，如图4-19所示。双击文件夹可以在新的面板中单独打开这个文件夹，如图4-20所示。

2. 标签分类

在"项目"面板中每个素材前面都带有一个方形彩色标签，这个标签的颜色可以自行更改，通过对标签颜色的更改，可以对素材进行颜色分类。在"项目"面板中选择属性类似的素材，在标签上单击鼠标右键，执行

图4-19

"标签"菜单中的一个颜色命令，如图4-21所示。

　　当素材的标签更改颜色之后，在"标签"菜单下"选择标签组"命令，如图4-22所示，可以快速选中具有相同颜色标签的素材。

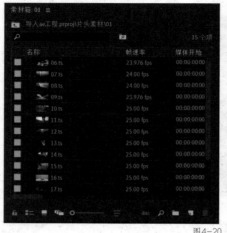

图4-20　　　　　　　　　　　　图4-21　　　　　　　　　　　　图4-22

第4节　素材代理的设置

　　素材代理是将高质量的素材转换成低质量的素材进行剪辑，也叫"代理剪辑"。在软件中剪辑高质量的素材会导致剪辑操作卡顿，如果运用代理剪辑，会提高剪辑操作的流畅度。运用Premiere Pro 2020设置代理需要安装另外一个软件Media Encoder，简称ME，这两个软件必须是同版本的（例如用Premiere Pro 2020, Media Encoder也要用2020版本）。

　　本节将讲解Premiere Pro 2020，设置代理的两种方法。

1. 设置代理工程

　　打开Premiere Pro 2020，新建项目，设置代理工程效果，如图4-23所示。在"项目"面板中导入素材，素材会自动链接Media Encoder 2020，进行自动转换代理格式的渲染，效果如图4-24所示。

图4-23

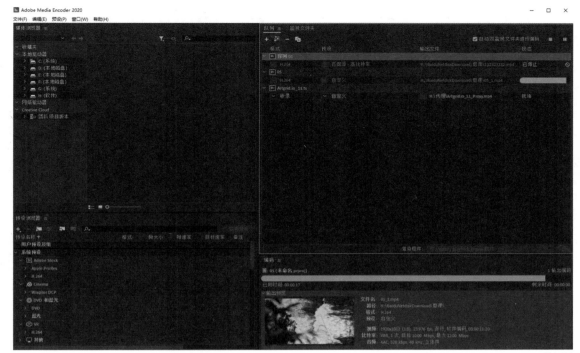

图4-24

在Premiere Pro 2020工程中选中素材，在"信息"面板中查看代理视频信息，效果如图4-25所示。

将素材拖曳到时间线上进行剪辑，单击节目窗口右下角■按钮，展开"按钮编辑器"面板，在"按钮编辑器"面板中找到"切换代理"按钮■，将"切换代理"按钮拖曳到外部播放器中，效果如图4-26所示。

图4-25

图4-26

开启"切换代理"按钮的效果如图4-27所示，关闭"切换代理"按钮的效果如图4-28所示。可以看到前后画面画质变化不大，但计算机运行速度会有明显提升，从而提高剪辑效率。

图4-27

图4-28

2. 设置代理素材

新建工程时没有创建代理工程，需要在"项目"面板内单独对素材进行代理设置。

在"项目"面板中导入素材，选中素材，单击鼠标右键，执行"代理-创建代理"命令，如图4-29所示。

在"创建代理"对话框中进行设置，如图4-30所示。单击"确定"按钮完成操作。

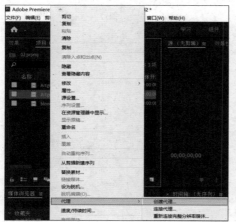

图4-29

图4-30

提示　在输出的时候一定要把"切换代理"按钮关掉，要不然会影响输出的画质。

第5节　输出设置

作品制作完成后，就可以按照其用途，输出为不同格式的文件，以便观看或作为素材进行编辑加工。Premiere Pro 2020提供了丰富的输出选项，本节将讲解Premiere Pro 2020输出窗口和输出工具Media Encoder的使用方法。

知识点1　输出类型

Premiere Pro 2020软件提供了多种输出选择，可以将项目输出为媒体文件、字幕和磁带，也可以输出为交换文件格式，与其他编辑软件进行数据交换。

在菜单栏中，执行"文件-导出"命令，弹出的菜单中包括了Premiere Pro 2020支持的各种输出类型，如图4-31所示。

常用的导出类型说明如下。

▮ 媒体：可以打开"导出设置"对话框，进行各种媒体格式的输出。

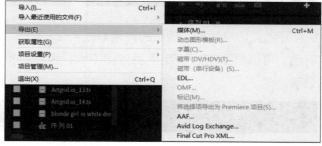

图4-31

　　▮ 动态图形模板：导出动态图形模板到本地。

　　▮ 字幕：单独输出Premiere Pro 2020创建的字幕文件。

▌ **磁带**：通过专业录像设备（DV/HDV或串行设备）将编辑完成的影片直接输出到磁带上。

▌ **EDL**（编辑决策列表）：输出一个描述剪辑过程的数据文件，可以导入其他的编辑软件中继续进编辑。

▌ **OMF**（公开媒体框架）：将整个序列中所有激活的音频轨道输出为OMF格式，可以导入Digidesign Pro Tools等软件中继续编辑润色。

▌ **AAF**（高级制作格式）：AAF格式可以支持多平台多系统的编辑软件，可以导入其他的编辑软件中继续编辑。

▌ **Avid Log Exchange**：将剪辑数据转移到Avid Media Compose剪辑软件上进行编辑的交互文件。

▌ **Final Cut Pro XML**（Final Cut Pro交换文件）：将剪辑数据转移到苹果公司的Final Cut Pro剪辑软件上继续进行编辑。

经常用到导出类型的是"媒体"，用于输出视频。经常跟其他平台软件交互使用的是"EDL""OMF""XML"格式的数据文件。

知识点 2 常用的输出格式

常用的输出格式和对应的使用途径如下。

▌ **AIFF**：将影片的声音部分输出为AIFF格式音频，适合与各种剪辑平台进行音频数据交换。

▌ **GIF**：将影片输出为动态图片文件，适用于网页播放。

▌ **QuickTime**：输出为MOV格式的数字电影，适合与苹果公司的Mac系列计算机进行数据交换。

▌ **AVI（未压缩）**：输出为不经过任何压缩的 Windows 操作平台数字电影，适合保存最高质量的影片数据，文件较大。

▌ **音频波形文件**：只输出影片的声音，输出为WAV格式音频，适合与各平台进行音频数据交换。

▌ **H.264**：输出为高性能视频编解码文件，适合输出高清视频和录制蓝光光盘。

▌ **PNG/Targa/TIFF**：输出单张静态图片或者图片序列，适合与多平台进行数据交换。

▌ **MPEG4**：输出为压缩比较高的视频文件，适合在移动设备上播放。

▌ **MPEG2/MPEG2-DVD**：输出为MPEG2编码格式的文件，适合录制DVD光盘。

▌ **Windows Media**：输出为微软专有流媒体格式，适合在网络和移动设备上播放。

以上常用到的输出格式有H.264，QuickTime，AVI等。下面将以输出H.264格式为例讲解输出设置方法。

项目制作完成后选择时间线，按快捷键Ctrl+M，弹出"导出设置"对话框，常用设置如图4-32所示，设置完成后即可输出。

如果需要修改文件输出后的大小，可先更改视频的"目标比特率"，降低目标比特率数值，能够控制文件输出的大小，设置如图4-33所示。

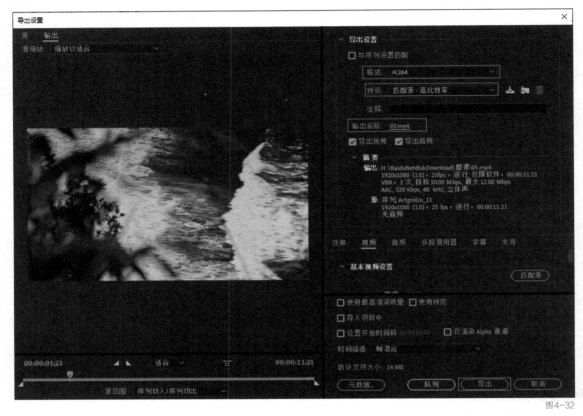

图4-32

如果项目中素材做了变速效果，可将"时间插值"改成"帧混合"，增强动画的流畅性，设置如图4-34所示。

图4-33

图4-34

最后渲染输出也可单击 队列 按钮，这样做能够使文件可以在Media Encoder 2020中进行输出，同时不影响Premiere Pro 2020的工程操作，效果如图4-35所示。

每一种输出格式都带有相应的参数设置选项，只有合理地设置这些参数，才可保证输出文件的正确性。

知识点 3 项目打包

Premiere Pro 2020提供了便捷的项目打包功能，可以对编辑完成的项目文件以及素材文件进行打包整理，生成单独的文件夹，有效避免素材丢失，便于分类存储与传递。打包操作设置如下。

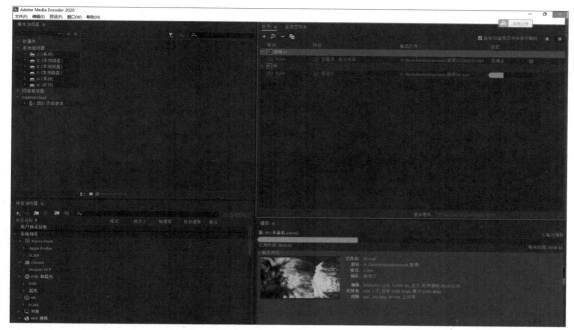

图4-35

在菜单栏中，执行"文件–项目管理"命令，如图4-36所示，在弹出的"项目管理器"对话框中进行设置，如图4-37所示。单击"确定"按钮，生成与新的工程相关的素材文件。

图4-36

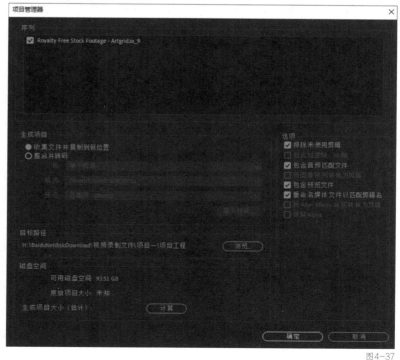

图4-37

第6节　综合案例——自动匹配序列卡点

案例要求：用素材库的视频素材，快速匹配音乐节奏切换镜头。

案例操作要点：（1）导入素材查看素材，（2）卡点音频节奏添加标记，（3）批量素材快速匹配序列标记。

操作步骤

■ 1. 按快捷键Ctrl+N新建一个序列，单击设置选项卡，如图4-38所示，将"编辑模式"设置为"自定义"，视频设置如图4-39所示。

图4-38

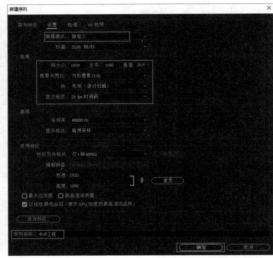

图4-39

■ 2. 按快捷键Ctrl+I打开资源管理器，选中多个视频素材批量导入，如图4-40所示。选择确定好的音乐素材单独导入，如图4-41所示。

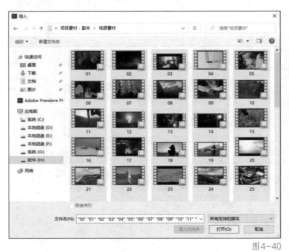

图4-40

图4-41

■ 3. 将音乐素材拖曳到时间线上，单击空格键播放，播放的同时按"标记"的快捷键M，按照音频的节奏手动做标记，如图4-42所示。

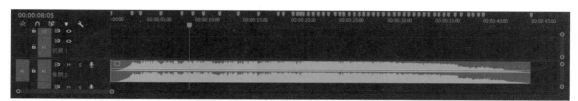

图4-42

■ 4. 在"项目"面板中选中所有视频，单击"自动匹配"按钮■，如图4-43所示，弹出"序列自动化"对话框，设置如图4-44所示。单击"确定"按钮，镜头自动匹配完成，如图4-45所示。

图4-43

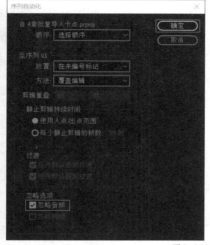

图4-44

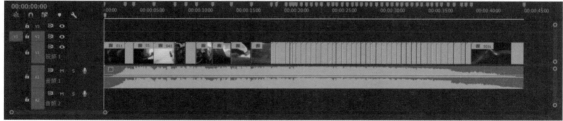

图4-45

■ 5. 选中时间线内所有镜头单击鼠标右键，执行"缩放为帧大小"命令，如图4-46所示。

■ 6. 筛选时间线上尺寸不一致的镜头，单独选中镜头修改"缩放"属性数值，如图4-47所示，使画面全屏显示。保证所有画面宽高比例统一，如图4-48所示。

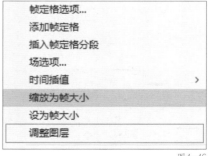

图4-46

图4-47

图4-48

■　7.　按快捷键Ctrl+M，渲染输出，设置如图4-49所示。

图4-49

本课练习题

1. 选择题

（1）Premiere Pro 2020支持的文件格式有（　　）。（多选）

A. MP4 　　　　　 B. WAV 　　　　　 C. FLV 　　　 D. AVI

（2）Premiere Pro 2020中导入Photoshop工程通常选择（　　）。

A. 合并所有图层 　　 B. 合并的图层 　　 C. 各个图层 　　 D. 序列

（3）导入素材的快捷键为（　　）。

A. Ctrl+O 　　　　 B. Ctrl+I 　　　　 C. Alt+O 　　　 D. Ctrl+X

参考答案

（1）A、B、D；（2）D；（3）B。

2. 连线题

视频格式 　　　　 WAV

音频格式 　　　　 TIF

图像格式 　　　　 MOV

参考答案

视频格式　　　　　WAV

音频格式　　　　　TIF

图像格式　　　　　MOV

3. 操作题

运用本课的案例素材，配合提供的音乐素材，完成卡点练习，最终效果如图4-50所示。

图4-50

> **操作题要点提示**
>
> ① 可打乱素材的顺序。
>
> ② 快速匹配序列时注意鼠标指针的位置。
>
> ③ 在音频的鼓点处做标记。

第 **5** 课

源窗口详解

源窗口主要用于预览或截取"项目"面板中所需的某一段素材，也可对该素材进行标记，方便后期针对素材的标记位置进行剪辑调整。在源窗口预览素材时，可根据项目情况对视图进行缩放或调整分辨率，达到快速渲染的目的。

本课主要讲解源窗口在Premiere Fro 2020中的操作方法和实际运用技巧，达到在剪辑的过程中快速精准地找到需要的素材的目的，提高工作效率。

本课知识要点

◆ 源窗口操作

◆ 素材导入时间线操作详解

◆ 视图及分辨率设置

◆ 子剪辑的设置

第1节 源窗口操作详解

在"项目"面板中双击视频素材，素材就会显示在源窗口中，如图5-1所示。在源窗口中，可以对素材进行播放，逐帧查看素材内容；也可以为素材设置入点和出点，截取素材的片段。本节将讲解在源窗口中播放素材以及为素材添加标记点、入点和出点的相关知识。

图5-1

知识点 1 查看素材

在源窗口的下方有3个按钮用于查看素材，如图5-2所示，下面针对这3个按钮进行讲解。

图5-2

"播放"按钮▶可以播放素材，在素材播放过程中，"播放"按钮将变为"停止"按钮■，"停止"按钮用于停止播放素材切换播放与停止的快捷键为空格键。

按▶按钮逐帧前进播放素材，按◀按钮逐帧后退播放素材，逐帧播放素材的快捷键为←和→。

要在预览过程中快速播放素材可按快捷键L，多次按此键会以翻倍的速度播放素材；要倒放素材可按快捷键J，多次按此键同样会以翻倍的速度倒放素材；按快捷键K可让素材停止播放。

知识点 2 设置素材的入点和出点

在源窗口预览素材时可以发现，素材内容并非从头到尾都需要用到，有时只需要用到其中的部分内容，这时就需要选取所需素材的起始位置和结束位置。单击■按钮设置入点，快捷键为I；单击█按钮设置出点，快捷键为O。入点为所选素材的起始点，出点为所选素材的结束点，被截取部分的时间线会呈现出浅灰色底色，如图5-3所示。

在挑选素材的过程中若想重新选择入点或出点位置，可单击"转到入点"按钮█，快捷键为Shift+I，或单击"转到出点"按钮█，快捷键为Shift+O，再逐帧调整标记点位置，重新设定入点和出点，如图5-4所示。

图5-3   图5-4

第2节 素材导入时间线操作详解

在源窗口中挑选好素材后，可将标记好入点和出点的素材导入时间线上进行剪辑。

在源窗口中直接拖曳█按钮可将该部分视频素材放入时间线，拖曳█按钮可将该部分音频素材放入时间线，如图5-5所示。直接拖曳源窗口的视频画面，可以将视频和音频同时放入时间线。

图5-5

在源窗口中将素材导入时间线，除了手动拖曳，还可直接单击"插入"按钮█或"覆盖"按钮█，如图5-6所示，插入素材的快捷键是【，】，覆盖素材的快捷键是【。】，使用快捷键这样可以避免拖曳素材时产生误操作。如果时间线上有素材文件，插入素材时后面的素材会自动后移，不会被抹掉，覆盖素材时会抹掉后面的素材。

图5-6

第3节 标记点的应用

在源窗口中挑选素材时，可以为素材中的特殊动作、精彩段落、音乐鼓点等处添加标记点，添加标记点的按钮是█，快捷键为M，这样方便后期对该位置素材进行操作，达到快速找到该段落的目的，从而提高工作效率，如图5-7所示。

图5-7

单击标记点，鼠标指针会快速跳转到当前标记点位置；双击标记点，会出现"标记"对

话框，该对话框可以针对当前标记点进行详
细设置，包括设置标记点的"名称""持续时
间""注释""标记颜色"和类别等，为后续
剪辑工作做好标记分类，如图5-8所示。

图5-8

第4节 视图及分辨率设置

在源窗口中查看素材时，可调整视图大
小，放大或缩小画面，帮助精调画面细节，
也可调整回放分辨率大小来提高预览速度。

知识点 1 调整视图大小

在查看素材时应根据实际情况调整视图大小，默认选项为"适合"，它会根据窗口布局的
变化自动缩放到合适的大小。

若想手动调整视图大小，可把鼠标指针放在"适合"选项上滚动鼠标滚轮，也可单击下拉
按钮，选择缩放级别，如图5-9所示。

知识点 2 调整回放分辨率

单击 1/2 按钮打开图5-10所示的下拉列表，在此可以选择不同选项以调整回放分
辨率。如预览分辨率较大的素材时，出现了卡顿的情况，就可在这个下拉列表中降低回放分
辨率，提高预览流畅度。

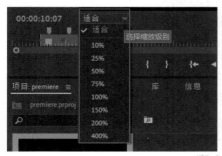

图5-9

图5-10

第5节　导出帧的方法及设置

在源窗口预览素材时，若想从视频中提取某一帧画面留作静帧素材备用，可通过"导出帧"按钮  把播放头指针位置的素材以静帧的形式保存下来，如图5-11所示，这个静帧素材就会存储到计算机中，导出帧的快捷键为Ctrl+Shift+E。

图5-11

图5-12

在导出帧时，注意选择好存放路径和格式，勾选"导入到项目中"复选框时，如图5-12所示，静帧会同时存放在计算机和"项目"面板中；若不勾选"导入到项目中"复选框，静帧只会存放在计算机中，"项目"面板中没有静帧。

第6节　子剪辑的设置

在源窗口中预览时间较长的素材时，为了提高工作效率，会截取素材最有用的部分，将素材拆分成小段落，以备精剪，这时可以设置子剪辑，设置入点和出点后在源窗口中单击鼠标右键，如图5-13所示，执行"制作子剪辑"命令，快捷键为Ctrl+U。

系统会弹出"制作子剪辑"对话框，勾选"将修剪限制为子剪辑边界"复选框，使用子剪辑素材时，素材前后是无法调整余量的；如不勾选"将修剪限制为子剪辑边界"复选框，在原始素材富余的情况下，可调整子剪辑素材前后余量。单击"确定"按钮，在"项目"面板中生成一个子剪辑素材，如图5-14所示。

图5-13

图5-14

若要再次调整子剪辑素材，在"项目"面板中选中子剪辑素材，单击鼠标右键，执行"编辑子剪辑"命令，会打开"编辑子剪辑"对话框，如图5-15所示，在对话框中还可编辑子剪辑的时间长度、边界限制、将子剪辑转换为主剪辑等。

第7节　综合案例——宠爱

案例要求：用素材库中的视频素材，配合音乐和音效剪辑出一条影片，表现主人与宠物之间的爱，要求影片节奏有起伏、情感丰沛、动作连贯。

案例操作要点：（1）挑选素材，（2）设置素材的入点和出点，（3）创建序列，（4）放置素材，（5）进行剪辑。

操作步骤

■　1. 查看源窗口。在"项目"面板中双击视频素材，视频即可出现在源窗口中，这样做便于挑选素材，如图5-16所示。

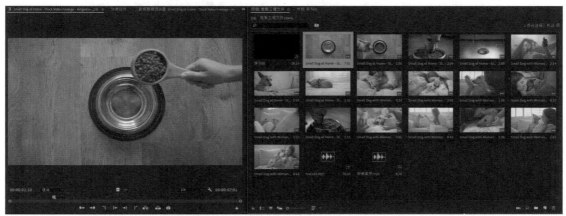

图5-16

■　2. 设置入点和出点。在源窗口中将需要使用的段落标记上入点和出点，如图5-17所示。

■　3. 创建序列。按照素材大小新建序列，序列大小要与素材大小保持一致，如图5-18所示。

■　4. 放置素材。把设置好入点和出点的素材拖曳到时间线上，如图5-19所示。

图5-17

图5-15

新建序列　　　　　　　　　　　　　　　　　　　　　　　　　　　　　　×

序列预设　　设置　　轨道　　VR 视频

编辑模式：自定义

时基：25.00 帧/秒

视频

帧大小：1920　水平　1080　垂直　16:9

像素长宽比：方形像素 (1.0)

场：无场（逐行扫描）

显示格式：25 fps 时间码

音频

采样率：48000 Hz

显示格式：音频采样

视频预览

预览文件格式：仅 I 帧 MPEG　　　　　　配置

编解码器：MPEG I-Frame

宽度：1920

高度：1080　　　　　　　　　　　　　　　重置

☐ 最大位深度　☐ 最高渲染质量

☑ 以线性颜色合成（要求 GPU 加速或最高渲染品质）

保存预设_

图5-18

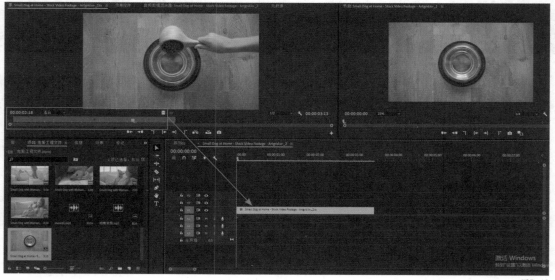

图5-19

■ 5. 剪辑。按照既定的故事线将截取的素材放置在时间线上,配合音乐节奏,剪辑成片,如图5-20所示。

图5-20

本课练习题

1. 选择题

（1）标记点快捷键为（   ）。

A. H   B. M   C. F   D. N

（2）导出帧快捷键为（   ）。

A. Ctrl+Shift+E   B. Ctrl+Alt+E   C. Shift+Alt+E   D. Shift+E

（3）制作子剪辑快捷键为（   ）。

A. Ctrl+U   B. Shift+U   C. Alt+U   D. Ctrl+Alt+U

参考答案

（1）B;（2）A;（3）A。

2. 连线题

快放   K

停止播放   L

倒放   J

参考答案

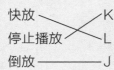

第 **6** 课

时间线与镜头拼接

Premiere Pro 2020的视频剪辑工作主要是在时间线中进行的，创建的序列会显示在时间线中。在时间线中可以编辑视频和音频文件，可以裁剪和添加场景、添加标记点、标记重要段落、添加字幕和效果等。

本课主要讲解时间线中各类按钮的运用方法，以及在时间线上如何快速精准地对素材进行修剪、删除和移动。

本课知识要点

◆ 认识时间线

◆ 认识视音轨道

◆ 镜头拼接常用操作

第1节 认识时间线

时间线是指以轨道的方式进行视频音频组接和编辑的区域，剪辑工作都需要在时间线中完成。素材的片段需要按照播放时间的先后顺序，在时间线上从左至右排列在各自的轨道上，然后使用各种编辑工具对这些素材进行编辑操作。

时间线分为上下两个区域，上方为时间标尺的显示区，下方为轨道编辑区，如图6-1所示。

时间线轨道编辑区中的辅助操作按钮，可根据实际情况选择开启或关闭，部分按钮的作用如下。

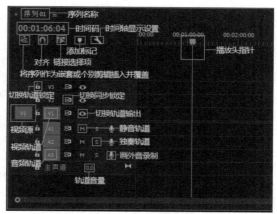

图6-1

▌ 时间码 00:01:06:04 用于显示当前播放头指针位置的时间码，表示方法为"时:分:秒:帧"。

▌ 切换轨道锁定 🔒用于锁定和解锁轨道，工作时可将已经剪好的视频或音频锁定，这样可以避免误操作，导致删除或剪切了时间线上的素材。

▌ 视频轨道 V1 用于编辑静帧、序列、视频、字幕等素材。

▌ 音频轨道 A1 用于编辑音频素材。

▌ 切换同步锁定 🔒用于关联轨道与轨道之间的关系，可控制轨道之间的连接性。

▌ 切换轨道输出 👁用于隐藏和显示该轨道上的素材文件。

▌ 静音轨道 M 用于使当前音频轨道的声音静音。

▌ 独奏轨道 S 用于独奏该轨道音频，其他轨道音频静音。

▌ 画外音录制 🎤用于录音。

第2节 认识视音轨道

时间线左边有几个V和A开头的轨道，V代表的是视频（Video），A代表的是音频（Audio）。视频轨道和音频轨道存在层级关系：视频轨道中上层轨道的素材遮挡下层轨道的素材，如图6-2所示；而音频轨道中的素材会相互重叠。当多条音频重叠时，所有音频会同时播放，若只想听某一个音频，需单击这个音频所在轨道的"独奏轨道"按钮 S ，这样其他轨道上的音频都会静音。

双击视频轨道可拉伸开视频轨道，显示出素材的缩略图，对音频轨道也可进行相同操作，拉伸开音频轨道后可以看清音频波型，如图6-3所示，方便查看音频起伏点，以控制节拍、调整节奏。

图6-2

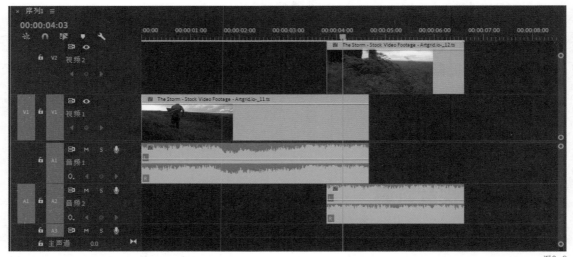

图6-3

　　将素材放置在时间线上后，如想放大或缩小时间标尺刻度，可按快捷键＋和－，时间标尺会围绕播放头指针所在的位置进行缩放，方便调整素材细节。当素材较多、内容复杂时，可按快捷键\缩放时间标尺，让时间线上的所有素材缩放为合适的大小显示在时间线上，就算是后面被忽略掉的素材也会完整地展示在时间线上，如图6-4所示。不缩放时间标尺的效果如图6-5所示，可以看到后面有些素材是显示不出来的。

图6-4

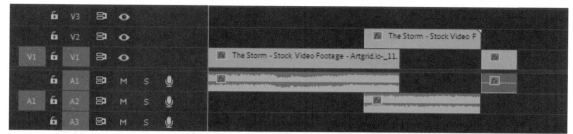

图6-5

第3节 镜头拼接常用操作

在对时间线上已排列好的素材进行精剪修整时，会用到一些提高工作效率的方法及快捷键，下面将讲解在时间线中对素材进行拼接的技巧。

知识点 1 修剪时间线上的素材

若想沿播放头指针位置修剪素材，首先需调整好播放头指针位置，按空格键可连续播放素材，前面讲到的在源窗口中快速预览素材的快捷键J、K、L也同样适用于播放时间线中的素材。将播放头指针拖曳到大概的修剪位置，按快捷键←或→可逐帧调整播放头指针位置，当播放头指针到达合适的修剪位置后，按快捷键Ctrl+K，可以将素材在播放头指针的位置处切开，如图6-6所示。需要注意一点，用快捷键Ctrl+K切割素材时，必须选中要切割素材所在的轨道，如图6-7所示，蓝色区域是被选中的轨道，深灰色区域是没有被选中的轨道。

图6-6

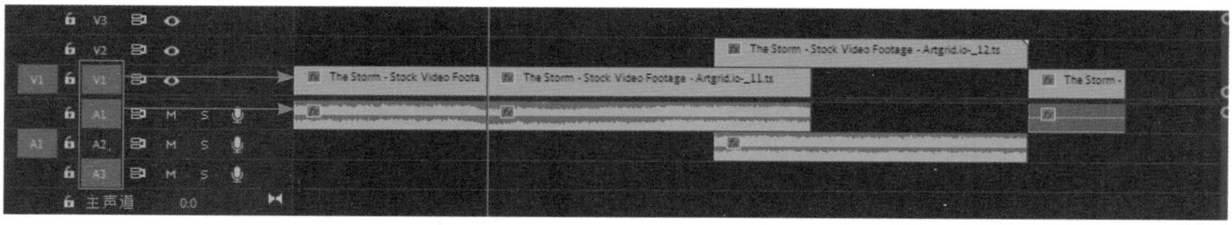

图6-7

在剪辑的过程中，如想直接剪掉播放头指针前端的素材，可按快捷键Q（波纹修剪上一个编辑点到播放头指针位置），若想直接剪掉播放头指针后面的素材，可按快捷键W（波纹修剪下一个编辑点到播放头指针位置），简单来说就是为素材掐头去尾，注意要单击开始"切换轨道锁定"按钮🔒，锁定不需要剪切的轨道，即在进行多轨道剪辑，有不需要被剪切的素材时，可锁定该素材所在轨道。

知识点 2 删除时间线上的素材

在时间线上删除素材时，若想将后面的素材直接接上、不留空隙，可使用快捷键Shift+Delete，这样后面的素材会自动接上，不会留有空隙。如果删除素材时只按Delete键，素材被删除后，时间线上会留有空隙，如图6-8所示，播放到这个位置时，画面显示为黑场视频。如果想删除素材间的空隙，单击空隙处再按Delete键即可删除。

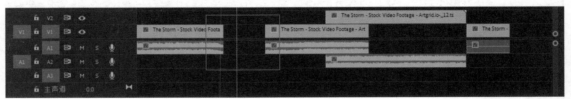

图6-8

知识点 3 移动时间线上的素材

在剪辑的过程中若想逐帧移动素材进行微调，可选中要移动的素材，按快捷键Alt+←或Alt+→，逐帧前移或后移素材；若想快速移动素材，也可使用快捷键Shift+Alt+←或Shift+Alt+→，以5帧为一个单位逐步移动素材。

在时间线上拖曳素材时，如果直接把后面的素材往前面拖曳，被拖曳的素材将覆盖前面的素材；若是想把后面的素材插入到前面，而不覆盖前面的素材，需按住Ctrl键拖曳素材，这时被拖曳的素材前端会出现一排小三角，如图6-9所示。

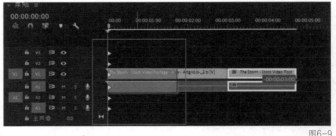

图6-9

知识点 4 隐藏和显示时间线上的素材

在剪辑的过程中，如果想隐藏时间线上的视频素材，可单击视频轨道前的"切换轨道输出"按钮👁，让按钮处于关闭状态👁，这时轨道上的所有视频素材将被隐藏；若只想隐藏当前轨道上的某一个视频素材，则选中视频素材后按快捷键Shift+E，即可隐藏当前被选中的视频素材，被隐藏的视频素材所在区域将呈深灰色，如图6-10所示，若想显示该视频素材，再按快捷键Shift+E即可。

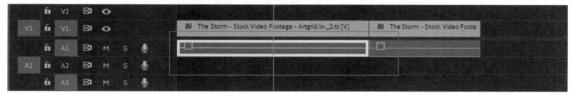

图6-10

若想将整条音频轨道静音，可单击音频轨道前的"静音轨道"按钮 M ，当按钮呈绿色 M 时，该轨道的音频素材将被全部静音；若想单独静音轨道中的某一节音频素材，可选中音频素材后按快捷键Shift+E使其静音。

知识点 5 视、音频链接调整

在时间线上，若视频本身就带有音频，那么视频和音频就会链接在一起。如果想单独删除音频或视频，可按住Alt键单击要删除的视频或音频，被选中的片段会被提亮，如图6-11所示，然后按Delete键可将其单独删除，无须断开链接，避免了由于断开链接引起的声画不对位等现象。

图6-11

第4节 综合案例——荒原

案例要求： 用素材库中的视频素材，配合音乐和音效剪辑一条影片，表现男子在空旷的荒野中肆意奔跑、张望的画面，要求影片节奏有起伏、景别有变化、动作连贯。

案例操作要点： （1）挑选素材，（2）新建序列，（3）放置素材，（4）导入音频，（5）按节奏剪辑成片。

操作步骤

■ 1. 查看挑选素材。在源窗口中查看视频，标记入点和出点以选择需要的段落，如图6-12所示。

■ 2. 新建序列。按素材大小新建序列，拖曳设置好入点和出点的素材到"新建项" ■ 按钮上，如图6-13所示。

图6-12

图6-13

■ 3．放置素材。创建完序列后就可按故事线截取素材，并将它们放置在时间线上。若想批量删除素材的声音，可按住Alt键，框选所有的音频部分，如图6-14所示，然后按Delete键进行删除。

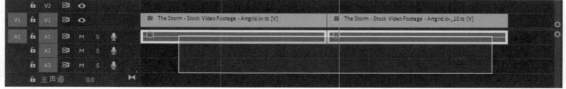

图6-14

■ 4．导入音频。选中"项目"面板中的音频文件拖曳到音频轨道上，如图6-15所示。

图6-15

■ 5．按节奏剪辑成片。按音乐节奏标注标记点，根据标记点位置剪辑画面，如图6-16所示。

图6-16

本课练习题

1. 选择题

（1）按播放头指针位置切割素材的快捷键为（　　）。

A. Ctrl+L　　　　B. Ctrl+K　　　　C. Shift+L　　　　D. Shift+K

（2）波纹删除素材的快捷键为（　　）。

A. Delete　　　　B. Ctrl+Delete　　　C. Shift+Delete　　D. Alt+Delete

（3）在时间线上以插入的方式拖曳素材要按住快捷键（　　）。

A. Ctrl　　　　　B. Shift　　　　　C. Alt　　　　　　D. Delete

（4）选中素材后隐藏素材的快捷键为（　　）。

A. Ctrl+T　　　　B. Shift+E　　　　C. Alt+E　　　　　D. Shift+T

参考答案

（1）B；（2）C；（3）A；（4）B。

2. 操作题

运用本课的案例素材，配合音乐，完成音乐短片剪辑，如图6-17所示。

图6-17

操作题要点提示

① 切割素材时注意要选中对应的轨道。

② 素材选择时注意镜头景别变化。

③ 音乐剪辑时注意找合适的音乐段落相互衔接。

第 **7** 课

工具的使用——精修镜头

无缝转场是剪辑中最重要的技巧之一，可以让画面与
画面的衔接变得自然、顺畅，而精修镜头就是工具箱
存在的意义。本课将讲解工具箱中不同工具的功能以
及使用方法。

本课知识要点

◆ 选择工具

◆ 向前选择轨道工具组

◆ 波纹编辑工具组

◆ 剃刀工具

◆ 外滑工具组

◆ 钢笔工具组

◆ 手形工具组

◆ 文字工具组

第1节 选择工具

Premiere Pro 2020的工具箱中有很多工具，如图7-1
所示，这些工具可以用于移动素材和修改素材。工具箱里的
工具要在时间线上有需要剪辑的素材，且素材有余量时才可以使用。

图7-1

打开Premiere Pro 2020后默认选中选择工具，如图7-2所示。它是最常用的工具之
一，快捷键为V，可以用来选择素材、移动素材、调整素材等。

按住Shift键的同时使用选择工具单击素材，可以选择或者取消选择时间线上不连续的多
个素材，如图7-3所示。

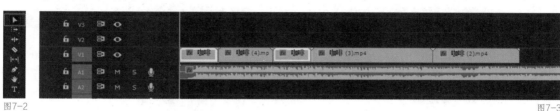

图7-2   图7-3

按住Alt键的同时使用选择工具单击素材，可以单独选择在链接状态下的视频或音
频，进行移动素材和调整素材的操作。这样做可以节省取消编组或取消链接的操作，如
图7-4所示。

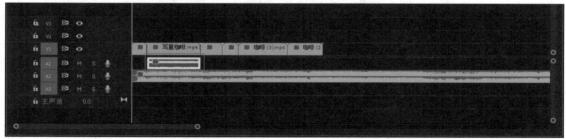

图7-4

在选中选择工具的前提下，按住Alt键再拖曳素材，可以在时间线上复制该素材，如图7-5
所示，图中一个素材被复制了两遍。

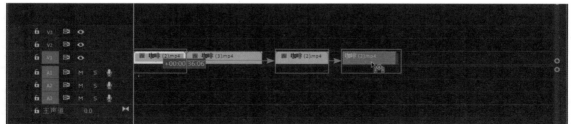

图7-5

按住Ctrl键单击编辑点，选择工具会切换为滚动编辑工具。

按住Ctrl键单击素材入点或者出点，选择工具会切换为波纹编辑工具。

在默认的情况下，将素材拖曳到时间线上，素材将会覆盖时间线上该位置原有的素材，鼠

标指针呈现为向下的箭头，如图7-6所示。

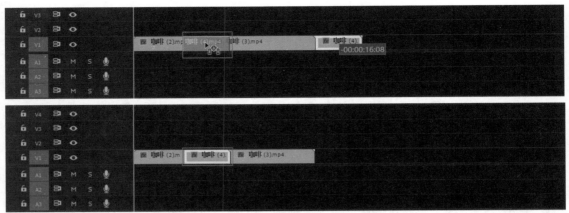

图7-6

先拖曳素材再按住Ctrl键，鼠标指针会变成向右的箭头，被拖曳的素材前端会有一排小三角，松开鼠标左键，素材将插入时间线上，原有素材向右顺延，如图7-7所示。

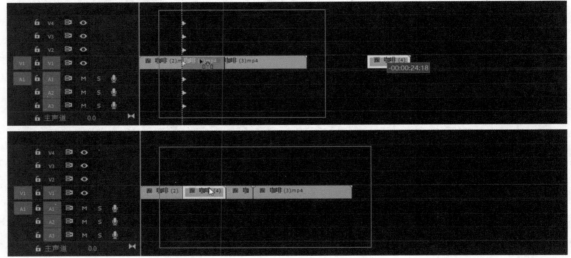

图7-7

第2节 向前选择轨道工具组

向前选择轨道工具组中一共有两个工具，一个是向前选择轨道工具，另一个是向后选择轨道工具，如图7-8所示。

图7-8

向前选择轨道工具的快捷键为A，向后选择轨道工具的快捷键为Shift+A。当时间线上素材量较多、剪辑时长较长的时候，这两个工具可以选择所有的素材并进行整体调整。

知识点 1　向前选择轨道工具

选择向前选择轨道工具，鼠标指针会变成向右的双箭头。此时单击素材，会选择从单击位置向右的所有轨道中的素材，如图7-9所示。

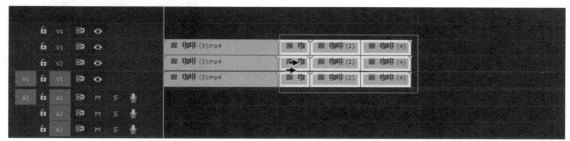

图7-9

在使用向前选择轨道工具时，按住Shift键，鼠标指针会变成向右的单箭头。此时单击素材，会选择从单击位置向右的单条轨道中的所有素材，如图7-10所示。

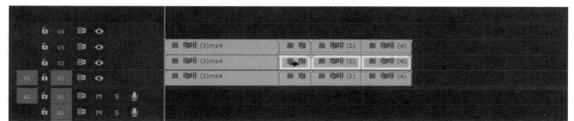

图7-10

知识点 2　向后选择轨道工具

选择向后选择轨道工具，鼠标指针会变成向左的双箭头。此时单击素材，会选择从单击位置向左的所有轨道中的素材，如图7-11所示。

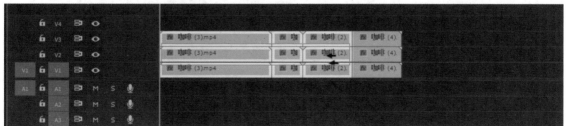

图7-11

使用向后选择轨道工具时，按住Shift键，鼠标指针会变成向左的单箭头。此时单击素材，会选择从单击位置向左的单条轨道中的所有素材，如图7-12所示。

图7-12

第3节　波纹编辑工具组

波纹编辑工具组一共有3个工具，分别为波纹编辑工具、滚动编辑工具和比率拉伸工具，如图7-13所示。

波纹编辑工具组中的工具可以用来改变单个素材的长度，并且不影响整个时间线的长度。如果不用波纹编辑工具组中的工具，按照基本的操作，需要先用选择工具移动时间线上后面的素材，给素材腾出波纹的位置，再拖动素材头尾调整内容长短。使用波纹编辑工具组中的工具修改素材，旁边相邻的素材会跟着一起增加或减少，操作会简便很多。

图7-13

提示　波纹指的是两个素材之间留出的空隙。

知识点 1　波纹编辑工具

波纹编辑工具■的快捷键为B，单击素材的出点或者入点，鼠标指针会变成黄色的箭头，左右拖动素材增加或减少画面。这时在节目窗口中可以看到两个画面，可以根据这两个画面来微调素材衔接的编辑点，如图7-14所示。

图7-14

知识点 2　滚动编辑工具

滚动编辑工具■的快捷键为N，它与波纹编辑工具的区别是会同时选择编辑点左侧素材的出点和右侧素材的入点，在调节两个素材的长短，修改画面内容的时候，会使时间线的整个时长保持不变，也不会改变其他素材的时长，如图7-15所示。

图7-15

知识点 3 比率拉伸工具

比率拉伸工具![]的快捷键为R，它可以调整素材的速度以匹配时间线上空出来的波纹，相当于给素材做变速效果，当然它更多的时候是用于填补波纹空隙或者让画面与音乐节奏点相匹配，和"剪辑速度/持续时间"对话框的作用是一样的，不过在"剪辑速度/持续时间"对话框中，是要修改参数才能更改素材速度的，当不知道要修改多少参数才能填补空隙的时候，还是用比率拉伸工具比较合适，如图7-16所示。

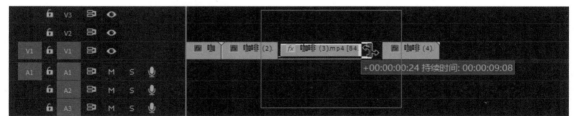

图7-16

第4节 剃刀工具

剃刀工具![]的快捷键为C。选择剃刀工具后，鼠标指针会变成小刀片的形状，可以把素材一分为二，为素材添加编辑点，如图7-17所示。使用快捷键Ctrl+K可以根据播放头指针位置切割素材，与剃刀工具的作用是一样的。

使用剃刀工具时，按住Shift键，鼠标指针会变成双刀片的形状，可以同时裁切在时间线上所有轨道中的素材，如图7-18所示。

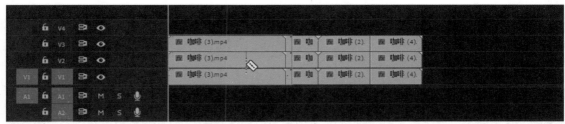

图7-17

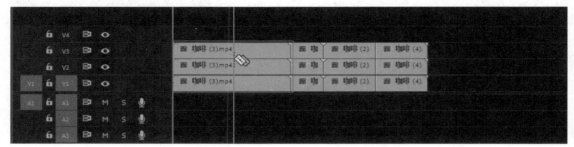

图7-18

使用剃刀工具时，按住Alt键可以单独裁切在链接状态下的视频或者音频素材，这样可以直接免去取消链接的操作步骤，如图7-19所示。

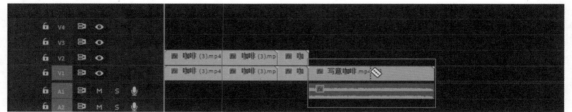

图7-19

第5节 外滑工具组

外滑工具组中一共有两个工具，一个为外滑工具，另一个为内滑工具，如图7-20所示。

图7-20

外滑工具和内滑工具的作用容易让人混淆：当使用外滑工具单击素材并左右拖动素材的时候，可以改变素材本身的画面内容而不改变该素材在轨道中的位置和长度；当使用内滑工具单击素材并左右拖动素材的时候，选中素材的画面不做任何改变，而是改变相邻的左右两个素材的内容。

知识点 1 外滑工具

外滑工具 的快捷键为Y。当使用外滑工具单击素材，并左右拖动画面时，可以改变素材的入点和出点，而不改变该素材在轨道中的位置和长度。外滑工具改变的是该素材的画面内容，相当于重新定义素材的入点和出点。

单击素材并左右拖动素材的时候，节目窗口中会显示出4个画面，这4个画面分别是左上角小画面（A段素材的出点），下面两个大画面（B段素材的入点和出点），右上角小画面（C段素材的入点），如图7-21所示。在使用外滑工具的时候，A段和C段素材是不做任何改变的，可以看着相邻两个素材的编辑点去精确调整B段素材画面的内容，改变它的编辑点，来精确地衔接素材与素材间的画面。

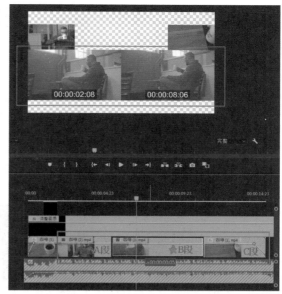

图7-21

知识点 2 内滑工具

内滑工具 的快捷键为U，它的作用和外滑工具相反。选择内滑工具单击素材并左右拖动画面时，选中的素材不做任何改变，而是改变相邻的两个素材的编辑点及长度。

用内滑工具进行操作的时候，节目窗口中会出现4个画面，这4个画面分别是左下角大画面（A段素材的出点），上面两个小画面（B段素材的入点和出点），右下角大画面（C段素材的入点），如图7-22所示。用内滑工具左右移动素材时，会发现B段素材是没有任何变化的，需要看着B段素材的画面去调整A段素材的出点和C段素材的入点，内滑工具改变的是与被选中的素材左右相邻的两个素材的编辑点，相当于重新定义A段素材的出点和C段素材的入点。

在使用外滑工具和内滑工具的过程中，是不会影响时间线上整体素材的长短和位置的。

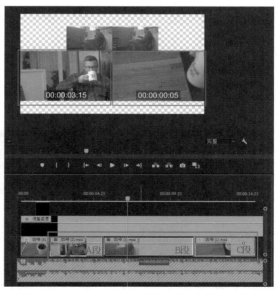

图7-22

第6节　钢笔工具组

钢笔工具组里有3个工具，分别是钢笔工具、矩形工具和椭圆工具，如图7-23所示。

图7-23

知识点1　钢笔工具

钢笔工具 的快捷键为P，钢笔工具可以调整画面的运动路径、制作蒙版和添加关键帧，如图7-24所示。

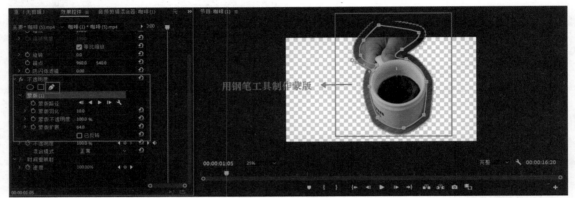

图7-24

扩大视频轨道的快捷键为Ctrl+加号，使用该快捷键时，视频素材上会出现一条浅灰色的横线，这是控制素材不透明度的线。按住Ctrl键单击时间线上素材的不透明度线，可以调节素材的不透明度，制作黑起黑落的效果。扩大音频轨道的快捷键为Alt+加号，使用该快捷键时，音频素材上会出现一条浅灰色的横线，这是控制音频音量的线，可以调节音频素材音量的大小，如图7-25所示。工具箱里钢笔工具的作用跟在效果控件里不透明度钢笔工具的作用是一样的。

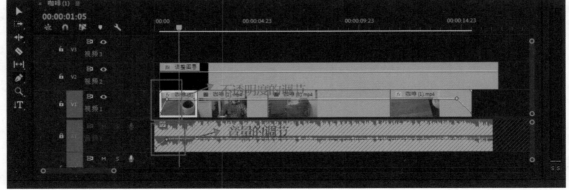

图7-25

在使用选择工具，不切换为钢笔工具的情况下，按住Ctrl键，鼠标指针右下角会出现小加号的标识，也可以给时间线上的视频和音频素材添加关键帧，来调节不透明度和音量。

知识点 2 矩形工具

使用矩形工具可以快速在节目窗口上绘制矩形形状，其属性在效果控件里显示，如图7-26所示。

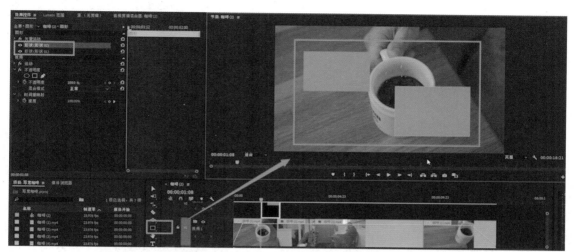

图7-26

知识点 3 椭圆工具

使用椭圆工具可以快速在节目窗口上绘制椭圆形状，其属性在效果控件里显示，如图7-27所示。

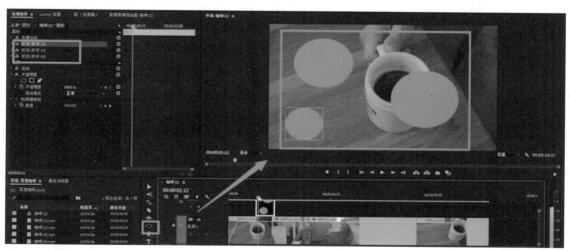

图7-27

第7节　手形工具组

手形工具组里有两个工具，一个是手形工具，另一个是缩放工具，如图7-28所示，可以用于放大、缩小和移动时间线。

图7-28

知识点1　手形工具

手形工具的快捷键为H，选择手形工具，在时间线上单击轨道并左右拖动，可以左右移动时间线。操作中通常会用时间线下方自带的滚轮来替代手形工具，这样更快捷，如图7-29所示。

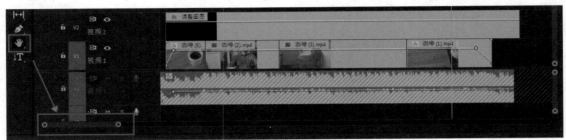

图7-29

知识点2　缩放工具

缩放工具的快捷键为Z，选择缩放工具时，鼠标指针会变成加号，单击时间线就会放大时间线，按住Alt键，鼠标指针会变成减号，单击时间线就会缩小时间线，如图7-30所示。这个工具的使用率较低，因为操作中通常会用快捷键加号和减号或快捷键Alt配合鼠标滚轮，来放大缩小时间线。

图7-30

第8节　文字工具组

文字工具组里有两个工具，一个是文字工具，另一个是垂直文字工具，如图7-31所示。

图7-31

文字工具的快捷键为T，想要使用垂直文字工具就需要长按"文字工具"按钮来切换。选择文字工具后单击节目窗口可以直接输入文字，如图7-32所示。

图7-32

第9节 综合案例——写意咖啡

案例要求：剪辑出来的影片主要体现男子在午后时间悠闲地在咖啡厅喝咖啡的场景。要保证景别有变化，人物喝咖啡的时候画面动作要有连贯性，需要用工具箱的工具来精修编辑点。

案例操作要点：（1）新建项目、导入素材、挑选素材，（2）新建序列，（3）设置入点和出点，（4）覆盖或插入素材到时间线上，（5）按节奏剪辑成片，（6）利用工具箱中的工具来修改编辑点，（7）渲染导出。

操作步骤

■ 1. 打开 Premiere Pro 2020，新建项目，在"项目"面板中双击空白处，找到素材在计算机里储存的位置，框选素材，单击"打开"按钮，导入素材，如图7-33所示。

■ 2. 在"项目"面板中，选中一个素材将其拖曳到"新建项"按钮处，以素材大小来新建序列，如图7-34所示。

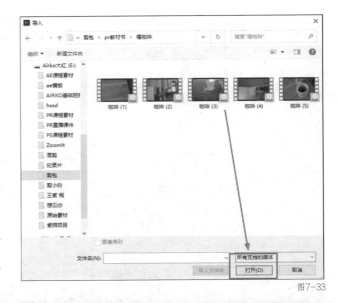

图7-33

图7-34

■ 3. 在"项目"面板中双击素材，可以在源窗口中查看视频画面并标记入点和出点以选择段落，将素材拖曳到时间线上，如图7-35所示。

■ 4. 选中"项目"面板中的音频文件拖曳到音频轨道上，给音频添加标记点，快捷键为M，如图7-36所示。

■ 5. 粗剪完成后，就需要看着节目窗口中的画面，用工具箱里的工具来给编辑点做微调，使画面更流畅、更舒服，如图7-37所示。

图7-35

图7-36

图7-37

■ 6．用文字工具，创建横版字幕，输入"写意咖啡"，在"效果控件"面板里适当调节文字的位置和大小，如图7-38所示。

图7-38

■ 7．精修影片后进行渲染导出，快捷键为Ctrl+M。导出的时候需要注意"格式"为H.264，"输出名称"为"咖啡（2）"，设置完成后直接单击右下方的"导出"按钮即可，如图7-39所示。

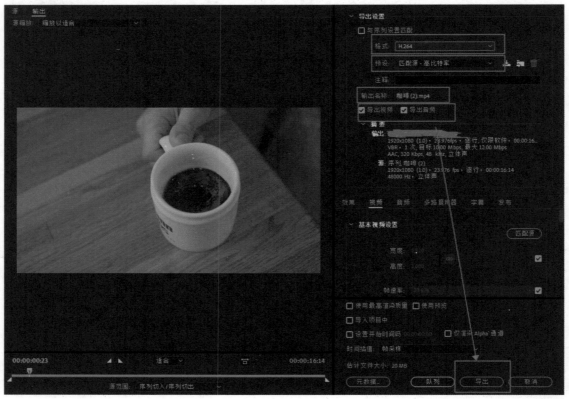

图7-39

本课练习题

1. 填空题

（1）选择工具的快捷键为（   ）。

（2）波纹编辑工具的快捷键为（   ）。

（3）可以调整素材的速度以匹配时间线上多余的波纹，相当于是在给素材做变速的效果的工具是（   ）。

（4）钢笔工具组里有3个工具，分别是（   ）、（   ）和（   ）。

（5）缩放工具使用率比较低，通常会用到快捷键（   ）和（   ）或快捷键（   ），来放大缩小时间线，代替缩放工具。

参考答案

（1）V;（2）B;（3）比率拉伸工具;（4）钢笔工具、矩形工具和椭圆工具;（5）加号、减号、Alt配合滚动鼠标滚轮。

2. 判断题

（1）剃刀工具的快捷键为C，按住Shift键，鼠标指针会变成双刀片的形状，可以同时裁切在时间线上所有轨道中的素材。(   )

（2）当使用外滑工具单击并左右拖动素材的时候，被选中素材的画面不会有任何改变，而是会修改相邻的左右两个素材的内容。当使用内滑工具单击素材并左右拖动素材的时候，可以改变素材本身的画面内容，而不改变该素材在轨道中的位置和长度。(   )

（3）在使用选择工具，不切换为钢笔工具的情况下，按住Shift键，鼠标指针右下角会出现小加号的标识，也可以给时间线上的视频和音频素材添加关键帧，来调节不透明度和音量。(   )

参考答案

（1）对;（2）错;（3）错。

3. 操作题

运用本课所给的案例素材，粗剪素材，并配上音乐，用工具箱里的工具来完成画面里动作与动作之间的无缝精准衔接。

第 **8** 课

字幕及矢量图形的绘制

文字工具是Premiere Pro 2020中的基本工具之一，操作简单方便，主要用于创建字幕。字幕是视频中最常见的元素之一，它不仅具有提示性的作用，同时也起到修饰画面的作用。Premiere Pro 2020拥有强大的文字编辑功能，可以使用多种模板修改字幕效果。各种类型的节目都会用到字幕，最常见的字幕有影片的片名、演职员表、人物对话、MV唱词、节目解说等。

本课主要讲解在Premiere Pro 2020中添加字幕以及绘制矢量图形的方法，通过文字和图形的结合制作完整的作品。

本课知识要点
◆ 字幕的制作
◆ 文字与图形的结合
◆ 文字动画的应用

第1节 字幕的制作

在电视节目制作中，字幕起着很重要的作用，可以将人物的语言以字幕的形式进行说明，而且很多文字同音，只有将字幕和音频结合起来，才能让观众更加理解节目内容。

在Premiere Pro 2020中添加字幕有3种方法，可以根据创作需求灵活运用。

知识点1 使用"旧版标题"命令制作字幕

"旧版标题"是制作字幕时最常用的命令之一，操作简单，主要用于制作字幕，包括滚动字幕，接下来主要讲解在旧版标题中制作字幕。

在菜单栏中，执行"文件-新建-旧版标题"命令，如图8-1所示，弹出"新建字幕"对话框，如图8-2所示，在对话框中可以设置字幕的名称并修改视频设置，默认情况下视频设置会自动与当前序列相匹配。设置完毕后，单击"确定"按钮，弹出"字幕"面板。

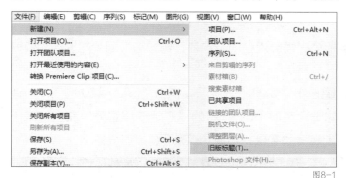

图8-1

图8-2

"字幕"面板主要由工具箱、视频预览区、"旧版标题样式"和"旧版标题属性"几大区域组成，如图8-3所示。

下面主要对"字幕"面板中的工具箱进行介绍。

▌ 文字工具**T**：使用该工具可以在视频预览区输入水平方向的文字。

▌ 垂直文字工具**T**：使用该工具可以在视频预览区输入垂直方向的文字。

▌ 区域文字工具：使用该工具可以拖曳鼠标指针绘制文本框，并在文本框内输入水平方向的段落文字。

图8-3

▌ 垂直区域文字工具：使用该工具可以拖曳鼠标指针绘制文本框，并在文本框范围内输入垂直方向的段落文字。

▌ 路径文字工具、垂直路径文字工具：它们可以用来绘制不规则路径，使文字在路径上排列，如图8-4所示。

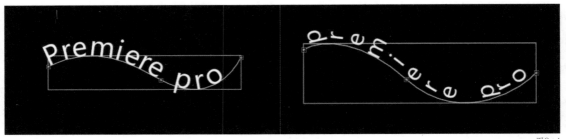

图8-4

在视频预览区输入字幕，属性会被启动，可以进行字幕排版。单击小眼睛按钮 ，可以显示和关闭背景视频。

"旧版标题样式"中的选项是"字幕"面板中预设好的样式，可以用来直接更改字幕样式。

在"旧版标题属性"中，选中字幕可以设置文字的不透明度、位置、字体大小、行距、字符间距、颜色和阴影描边等属性，如图8-5所示。

提示　选择字体时，用鼠标滑轮上下选择字体，可直接预览字体效果，如果输入的字幕为中文，会出现丢失字体的情况，原因是选择的字体为英文字体，这时更改为中文字体即可。

默认情况下，字幕是静止状态，但很多时候会用到动态字幕，例如影视剧片尾滚动的演职员表，创建滚动字幕的方法如下。

选中字幕，在"字幕"面板中单击 按钮，如图8-6所示，弹出"滚动/游动选项"对话框，将"字幕类型"设置为"滚动"，勾选"定时（帧）"中的"开始于屏幕外"和"结束于屏幕外"复选框，单击"确定"按钮，创建滚动字幕，如图8-7所示。

图8-5

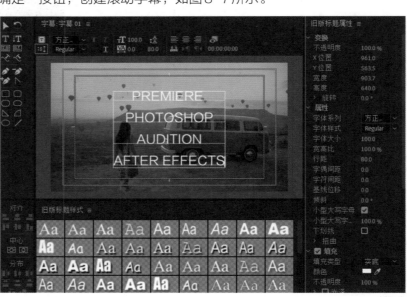

图8-6

提示　向左游动与向右游动的出现方式，其效果类似于在线视频网站的视频中出现的弹幕。

人物语言类字幕一般出现在屏幕下方，例如影视剧人物对话字幕。在"字幕"面板视频预览区直接输入文字，设置好文字的位置、大小等属性后，关闭面板。

在"项目"面板中，将字幕直接拖曳到时间线上，接下来添加相同属性的字幕。选中"字幕01"，按住Alt键拖曳字幕条可以复制该字幕，如图8-8所示，双击复制的字幕，可以进入"字幕"面板，直接更改文字。

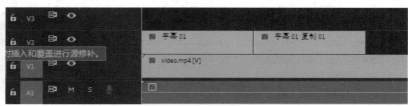

图8-7

图8-8

知识点 2 使用"字幕"命令制作字幕

使用"旧版标题"命令制作字幕虽然操作简单，但是修改字幕属性非常麻烦，需要进入"字幕"面板，选中每个字幕单独进行修改，比较耗时。而使用"字幕"命令添加的文字可以整体修改其属性，既省时又省力。接下来主要讲解使用"字幕"命令制作字幕的方法。

在菜单栏中，执行"文件-新建-字幕"命令，如图8-9所示，弹出"新建字幕"对话框，将"标准"设置为"开放式字幕"，单击"确定"按钮，如图8-10所示。

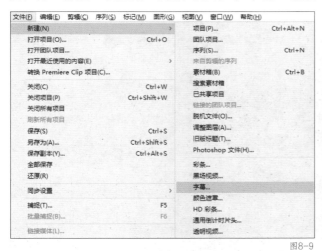

图8-9

图8-10

提示 在"标准"下拉列表框中，除了"开放式字幕"以外的其他选项都是隐藏字幕，不常用。

在"项目"面板中，将开放式字幕拖曳到时间线上，双击字幕，弹出"字幕"面板，如图8-11所示。在此可以直接输入文字，并设置字体、字号和位置等属性。

在"字幕"面板中可以更改背景颜色，默认为黑色，还可以设置背景的不透明度，以及字幕的颜色、描边等属性，如图8-12所示。

图8-11

入点与出点决定字幕的时长，直接输入数字即可。单击"+"按钮可以添加新的字幕，如图8-13所示。

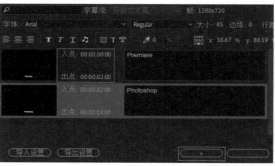

图8-12　　　　　　　　　　　　　　　　　　　　　　　　　　图8-13

知识点3　使用"基本图形"面板制作字幕

"基本图形"面板功能强大，可以直接创建字幕、图形和动画，综合了"旧版标题"和"字幕"命令的优势，非常实用。接下来主要讲解在"基本图形"面板中制作字幕的方法。

将预设面板切换为"图形"，在工具箱中单击"文字工具"按钮，在节目窗口中输入文字，在右侧"基本图形"面板中可以设置文字的位置、字体大小、字体颜色等属性，如图8-14所示。

图8-14

除了设置文字的属性外，还可以更改文字的锚点，文字的锚点默认在文字起始的位置。例如，在制作文字动画的时候，文字是围绕锚点的轴心进行旋转或者缩放的，根据动画需求可以直接拖曳锚点到指定位置，也可以拖曳到文字中心位置。当不确定文字中心位置的时候，按住Ctrl键，这时就会出现红色十字线，其具有一定的吸附感，十字线的交叉点就是文字的中心位置，如图8-15所示。

在"外观"选项组中，设置"填充"与"描边"属性，可以制作出图8-16所示的文字效果。

图8-15　　　　　　　　　　　　　　　　　图8-16

选中文字后，在"外观"选项组中勾选"描边"复选框，单击"+"按钮可以为文字添加多个描边效果，如图8-17所示。单击"外观"选项组右上角的扳手按钮，弹出"图形属性"对话框，将"线段连接"设置为"圆角连接"，如图8-18所示。

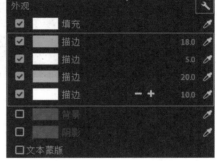

图8-17

第2节　绘制矢量图形

本节主要讲解如何使用钢笔工具绘制矢量图形，并配合字幕制作创意动画。

知识点1　钢笔工具组的应用

在制作字幕的时候，通常都会绘制一些矢量图形，用来修饰字幕。在工具箱中，可以用来绘制矢量图形的工具有钢笔工具、矩形工具和椭圆工具，下面针对钢笔工具的用法进行讲解。

图8-18

钢笔工具可以绘制不规则矢量图形。单击绘制一个点，再次单击并拖曳当前点，会出现贝塞尔曲线手柄，且两点之间变成带有弧度的曲线，继续进行绘制，直到绘制出一个完整图形，使最后一个点与第一个点重合，如图8-19所示。

在"外观"选项组中可以更改图形的填充颜色或关闭填充；也可以对其进行描边，并设置描边粗细，如图8-20所示。

图8-19

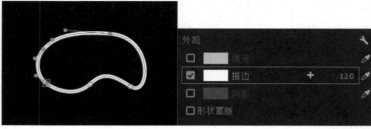
图8-20

使用钢笔工具可以通过拖曳点来更改图形样貌。当把鼠标指针放在路径上时，会出现"+"号，用来增加路径点；将鼠标指针放在路径点上并按住Ctrl键，会出现"-"号，单击可将当前路径点删除，如图8-21所示。

长按钢笔工具可展开钢笔工具组，组中还包含矩形工具和椭圆工具，如图8-22所示，这两个工具可以直接绘制简单的图形。选择需要的形状工具，在绘制的过程中按住Shift键，可以绘制锁定长宽比的形状，例如正方形或圆形。

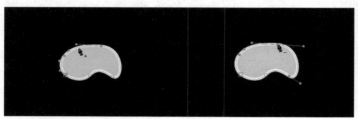
图8-21

图8-22

知识点 2　文字与图形的结合

"基本图形"面板可以包含多个文本和形状图层，因此会有上下层级的概念，并且可以在序列中作为单个图形剪辑进行编辑。

例如，用矩形工具绘制一个形状，同时添加一个文本，单击"新建项"按钮，选择"文本"选项，输入文字"Premiere"，如图8-23所示，那么在时间线上"形状01"与文字"Premiere"显示在同一个图层上，如图8-24所示。

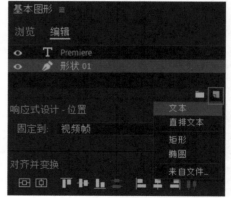
图8-23

在"基本图形"面板中单击"编辑"选项卡，可以分别设置形状和文字的属性，更改图层顺序，以及制作矢量图形动画。例如，当文字"Premiere"移动的时候，"形状01"是静止状态，它们可以单独进行控制。

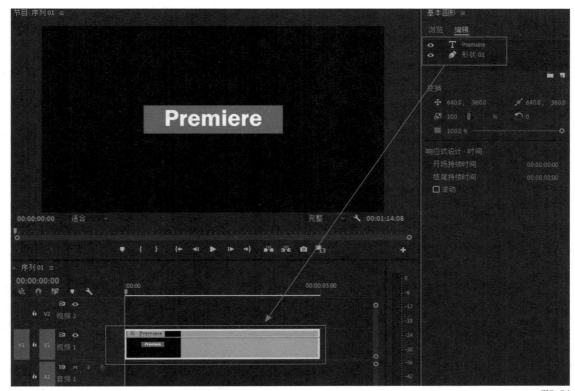

图8-24

"基本图形"面板新增了"响应式设计 – 位置"选项,可以将当前所选图层固定到另一个图层,当前所选图层将以选择的图层作为父图层,父图层分为"顶部""底部""左侧""右侧"4个位置,可以单击其中的某个按钮,也可以单击按钮的中心位置以固定所有边缘。

例如,选中"形状01",固定到"Premiere"层,单击"父图层的边固定"按钮,则"形状01"的位置将根据其父图层中的更改进行改变,如图8-25所示。此时,文字"Premiere"移动,"形状01"也会跟着一起移动。

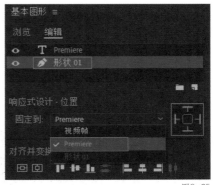

图8-25

提示 如果在"固定到"下拉列表框中选择"Premiere"选项而没有开启"父图层的边固定"按钮,那么系统会自动还原成"视频帧"选项。

在"基本图形"面板中添加的文本"Premiere"与形状"形状01",在"效果控件"面板中也可以显示其属性,在这里设置的属性与"基本图形"面板中设置的属性效果是一样的,如图8-26所示。在"效果控件"面板中,"Premiere"与"形状01"是一个图形,直接调整"矢量运动"下的"位置"属性,它们会一起移动。

图8-26

当对文本的内容"Premiere"进行更改时,"形状01"会跟着改变,如图8-27所示。

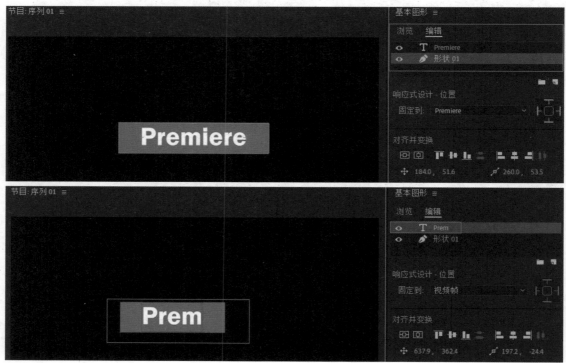

图8-27

第3节 修改字幕预设

Premiere Pro 2020中有很多自带的字幕预设,操作简单、非常实用。

在"基本图形"面板中选择一个字幕预设,将其直接拖曳到时间线上,等待预设加载与解析字体。加载完成后,在节目窗口选中预设,可以修改字幕内容,如图8-28所示。

图8-28

除了可以使用"基本图形"面板中自带的字幕预设,还可以下载字幕预设模板,直接修改文字内容。下面讲解如何添加字幕预设模板。

在"基本图形"面板中单击▤按钮，在展开的面板菜单中，执行"管理更多文件夹"命令，如图8-29所示，弹出"管理更多文件夹"对话框，单击"添加"按钮，选择文件夹，如图8-30所示。

勾选"本地"复选框，展开"本地"下拉列表框选择加载的预设，例如"Titles"，如图8-31所示，对选择好的字幕预设进行文字修改。

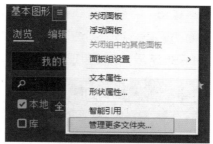

图8-29

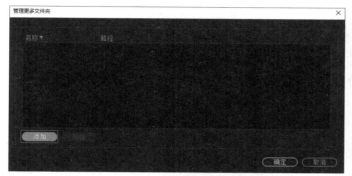

图8-30

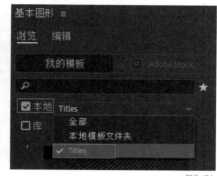

图8-31

第4节 综合案例——标题文字动画

案例要求： 选择一个视频素材作为背景，输入一些文字进行主标题和副标题的排版设计，将文字的出现方式做成动态效果。

案例操作要点：（1）字幕关键帧动画的应用，（2）文字上下层级的概念。

操作步骤

■ 1. 按快捷键Ctrl+N新建一个序列，视频设置如图8-32所示。

■ 2. 在"项目"面板中，单击"新建项"按钮，选择"颜色遮罩"选项，设置颜色遮罩的颜色为白色，如图8-33所示。

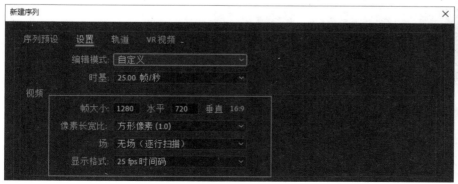

图8-32

图8-33

■ 3．将颜色遮罩拖曳到时间线上，在"效果控件"面板中，关闭"不透明度"选项前面的码表，将"不透明度"设置为"45%"，如图8-34所示，在节目窗口预览效果，如图8-35所示，画面呈现半透明状态。

图8-34　　　　　　　　　　　　　　　　　　　　　　　　图8-35

提示　码表默认是开启状态，这时更改参数会记录动画，所以需要将其关闭。

■ 4．在"效果"面板中，展开"视频效果"文件夹下的"变换"文件夹，如图8-36所示，将"裁剪"效果拖曳到颜色遮罩层上。

■ 5．在"效果控件"面板中，将"裁剪"的"左侧""右侧"分别设置为"50%"，并开启码表，将播放头指针向后移动几帧，再将"左侧""右侧"分别设置为"0%"，如图8-37所示。"裁剪"效果的关键帧动画记录完成，效果如图8-38所示。

图8-36

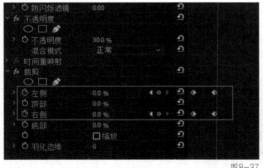

图8-37

图8-38

■ 6．在工具箱中选择文字工具，在节目窗口中添加字幕"A"，在"基本图形"面板中选择字体，将填充色设置为深灰色，设置位置属性，如图8-39所示，在节目窗口中预览效果，如图8-40所示。

图8-39

图8-40

■ 7. 选中文字"A",复制(快捷键为Ctrl+C)并粘贴(快捷键为Ctrl+V)文字"A",双击复制后的文字将其改为"D",调整位置。或者单击"新建项"按钮,选择"文本"选项,输入文字,如图8-41所示。重复上步操作,用同样的方法设置其他文字,效果如图8-42所示。

图8-41

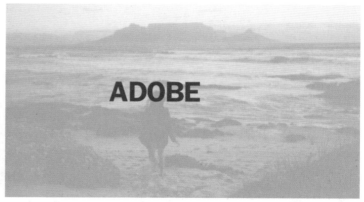

图8-42

■ 8. 制作文字动画。首先将播放头指针移动3帧,设置文字"D"的"不透明度"为"0%",开启码表,将播放头指针继续移动1帧,将"不透明度"设置为"100%",如图8-43所示,以此类推设置其他文字的不透明度,文字就会一个一个地出现。

■ 9. 在"效果控件"面板的"矢量运动"中设置"位置"属性,为文字整体添加位移动画效果,如图8-44所示。可以把文字"PREMIERE"拆分成2~3个字母为

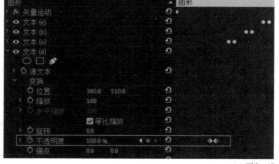

图8-43

一个文本层,如图8-45所示,设置与"ADOBE"同样的动画,效果如图8-46所示。

图8-44

图8-45

■ 10．在工具箱中选择钢笔工具，在节目窗口中绘制一条直线，取消勾选"填充"复选框，勾选"描边"复选框，设置为"3"，描边颜色设为深灰色，将播放头指针放在"图形"层起始位置。在"效果控件"面板中，将"不透明度"设置为"0%"，开启码表，播放头指针继续移动若干帧，将"不透明度"设置为"100%"，如图8-47所示。

图8-46

图8-47

■ 11．将制作好的直线单独复制一层。选中"图形"层，按住Alt键拖曳复制该层，如图8-48所示，将复制的直线修改成相反方向的动画，效果如图8-49所示。

图8-48

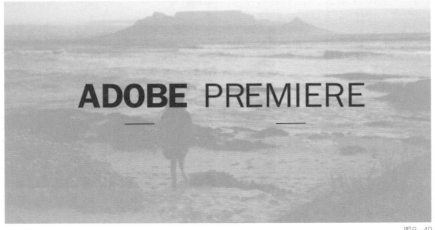

图8-49

■ 12. 举一反三。制作文字"Animate Text"的动画，选中文字"Animate Text"，在"效果控件"面板中，设置"矢量运动"下的"位置"属性的参数，做整体位移动画，如图8-50所示。制作好动画后，将"不透明度"设置为"0%"，开启码表，将播放头指针继续移动若干帧，将"不透明度"设置为"100%"。重复上步操作，用同样的方法制作段落文字，效果如图8-51所示。

图8-50

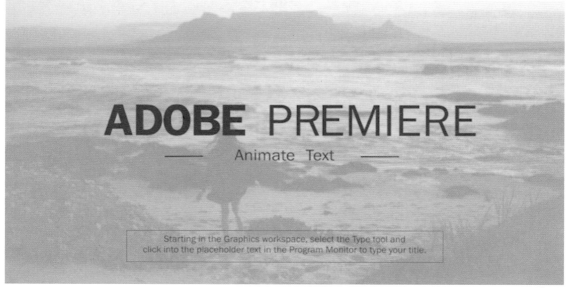

图8-51

提示 制作动画时要分清楚上下层级的关系。

■ 13. 设置文字"Photoshop"的"缩放"设置为"0"，开启码表，将播放头指针移动若干帧，将"缩放"设置为"22"，如图8-52所示，以此类推设置其他文字的缩放，效果如图8-53所示。

图8-52

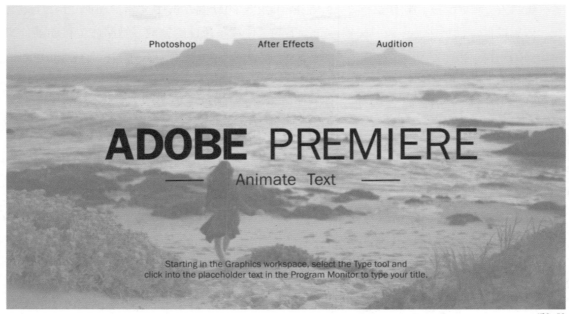

图8-53

■ 14．动画制作完成，按快捷键Ctrl+M渲染输出完整视频。

本课练习题

1. 填空题

（1）在工具箱中，绘制矢量图形的工具有（　　）、（　　）、（　　）。

（2）在"基本图形"面板中，要将形状固定到文字进行响应，应开启（　　）按钮。

参考答案

（1）钢笔工具、矩形工具、椭圆工具；

（2）"父图层的边固定"。

2. 选择题

（1）设置影视剧片尾字幕类型的选项是（　　）。

A. 静止图像　　　　B. 滚动　　　　C. 向左游动　　　　D. 向右游动

（2）在时间线上，拖曳复制的快捷键是（　　）。

A. Shift　　　　B. Ctrl　　　　C. Alt　　　　D. Ctrl+Alt

（3）下列哪一项不是隐藏式字幕（　　）。

A. 图文电视　　　　B. CEA-608　　　　C. 开放字幕　　　　D. 开放式字幕

参考答案

（1）B；（2）C；（3）D。

3. 操作题

根据本课的参考案例，制作字幕动画，效果如图8-54所示。

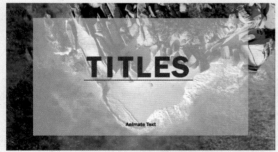

图8-54

操作题要点提示

① 需要将单词的字母拆开单独进行设置。

② 设置文字的位置和不透明度的动画。

第 **9** 课

镜头变速

学习镜头变速，首先要了解运动镜头。运动镜头能够创造视觉空间立体感，使观众产生介入影片事件、冲突的视觉感，能够展示动作的场面与规模，从而提升影片的节奏感。

镜头的运动方式是指摄像机镜头的调焦方式或摄像机的运动方式。常见的运动方式有推、拉、摇、移、跟、升和降。

镜头变速并不只是加快速度，镜头变速指改变一个镜头运动的原有速度，使这个镜头有快有慢，同时也可以利用这种方式脱离原有枯燥的节奏。

本课知识要点
◆ 快慢镜头
◆ 变速的方法

第1节 快慢镜头

快镜头与慢镜头是影视剧拍摄时的一种技术手段，电影的拍摄标准是每秒24帧，也就是每秒拍摄24张，这样在放映影片时才会呈现出正常速度的连续性画面。但为了实现一些简单的效果，例如慢镜头或快镜头，就要改变正常的拍摄速度，从而出现这两种镜头效果，在摄影中专业的叫法为"升格"和"降格"。

升格镜头是指放映速度高于24帧/秒，它产生的放映效果是慢动作；降格镜头是指放映速度低于24帧/秒，它产生的放映效果是快动作。

除了这两种镜头效果以外，还有一种镜头效果同降格镜头效果类似，叫"延时摄影"，其概念如下。

延时摄影是以较低的帧率拍下图像或者视频，然后用正常或者较快的速度播放画面的摄影技术。它可以将物体或者景物缓慢变化的过程压缩到较短时间内实现，呈现出平时用肉眼无法察觉的奇异景象。

> **提示** 延时摄影和降格拍摄不一样，延时摄影的前提是摄影，降格拍摄前提是摄像。一个是照片构成，另一个是视频构成，它们只是实际呈现出来的效果类似。

第2节 变速的方法

在Premiere Pro 2020中实现镜头的变速有两种方式：使用变速工具或使用"时间重映射"命令。

知识点 1 变速工具的使用

将素材拖到时间线上，按快捷键R，切换到比率拉伸工具，直接拖曳素材可实现素材的快慢变化，如图9-1所示。拖曳后，如果想还原素材的速度，可以按快捷键Ctrl+R，在弹出的"剪辑速度/持续时间"对话框中，将"速度"调整为"100"，以恢复正常速度，如图9-2所示。在此对话框中，将"速度"调整为"25"或"50"，可实现升格；将速度调整为"200"，可实现降格。

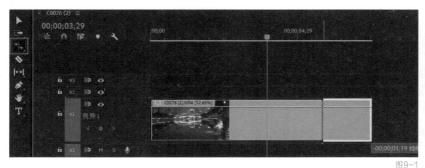

图9-1　　　　　　　　　　　　　　　　　图9-2

如果想实现更慢的慢动作，需要使用不同的时间插值，在"剪辑速度/持续时间"对话框中，可以调整"时间插值"，如图9-3所示。

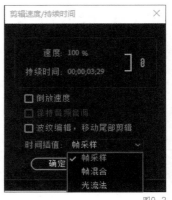

"时间插值"下拉列表框中有3个选项，分别是"帧采样""帧混合"和"光流法"。"帧采样"只是把同一帧展现两次或者更多次，所以视频看起来会卡顿；"帧混合"也是重复同样的画面，但是增加了一点渐变和叠加的效果，所以视频看起来会稍微流畅一些；"光流法"则是真正意义上添加了新的帧，它通过预测两帧画面之间的像素的运动轨迹，重新计算出了中间的帧数，画面总的帧数增加了，使视频看起来更流畅。

图9-3

提示 "光流法"虽然很好用，但是限制也很多，必须要对比非常大的画面，才能够实现最佳的光流效果，否则就会出现畸变现象。"光流法"通常使用在加速之后，是视频突然实现短暂的光流升格，可呈现出非常酷的画面。"光流法"能够算帧，但是实际拍摄的时候还是要尽可能拍最高的帧率，这样选择"光流法"后才会有足够的帧用来进行分析，实现更好的效果。"帧混合"更多是用来快放视频，可实现类似于动态模糊的效果，视觉上会比"帧采样"要好很多。

以上3种方法是针对单独镜头进行升降格效果调节，其结果缺少渐变，看起来会比较突兀。

知识点2 时间重映射速度线

在素材的fx标记上单击鼠标右键，执行"时间重映射-速度"命令，如图9-4所示。然后按住Ctrl键单击速度线可添加点，使其分为3段，效果如图9-5所示。

图9-4

图9-5

将鼠标指针放在不同的线段上，上下推拉可实现速度的快慢效果，上推为降格，下拉为升格，如图9-6所示。

还可以在线段上添加两个关键帧，来产生渐变的变速，通过拖动拉杆来进一步改变速度曲线，实现更好的过渡效果，如图9-7所示。

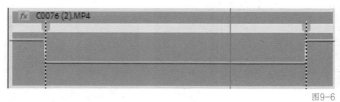

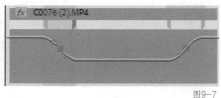

图9-6

图9-7

提示 想要实现镜头与镜头之间的流畅过渡，就很需要这种变速，通常就是快对快、慢对慢。如果前一个素材的尾部加速了，那么后一个素材的起始部分也应该加速，这样看起来过渡才会自然。

在合适的时间调整速度线，能够大大提升影片整体的节奏感，同时还需要注意和音频的配合。

第3节 综合案例——变速

案例要求： 使用时间重映射功能，配合音乐节奏点，制作酷炫的镜头快慢组接效果。

案例操作要点：（1）运动镜头组接编辑点的选取，（2）编辑点和音乐节奏点的配合，（3）时间重映射控制镜头的快慢。

操作步骤

■ 1. 按快捷键Ctrl+N新建一个序列，如图9-8所示，单击"设置"选项卡，将"编辑模式"设置为"自定义"，视频设置如图9-9所示。

图9-8

■ 2. 按快捷键Ctrl+I打开"导入"对话框，找到素材，如图9-10所示，将素材导入"项目"面板中，如图9-11所示。

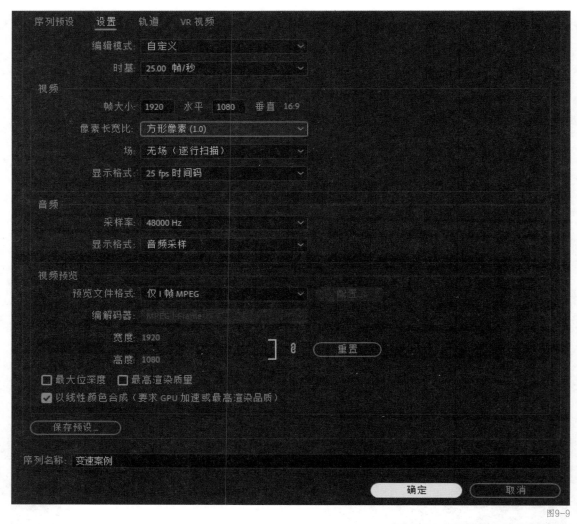

图9-9

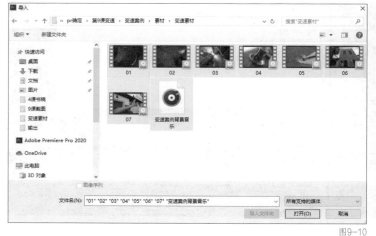

图9-10

图9-11

■ 3. 将音频素材拖曳到时间线上，按空格键播放，播放的同时按快捷键M，按照音频的节奏添加标记，如图9-12所示。

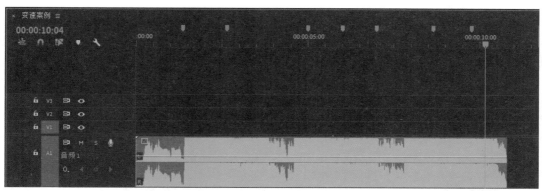

图9-12

■ 4. 选取合适的镜头内容导入时间线的视频轨道中，如图9-13所示。

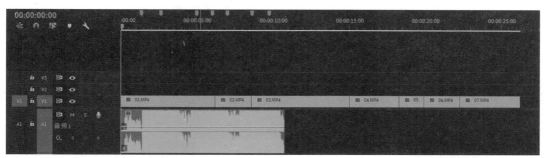

图9-13

■ 5. 在时间线上框选所有镜头，单击鼠标右键，执行"设为帧大小"命令，如图9-14所示。所有镜头将自动更改"缩放"值匹配项目大小。设置前效果如图9-15所示，设置后效果如图9-16所示。

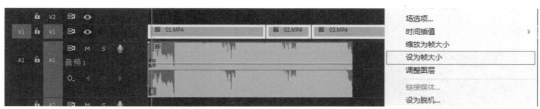

图9-14

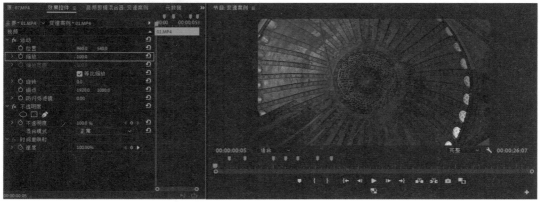

图9-15

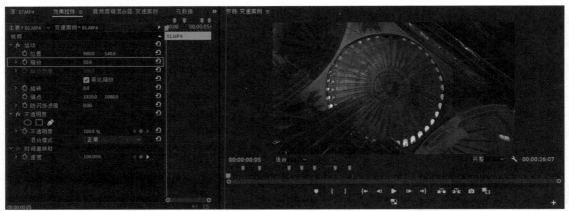

图9-16

■ 6. 逐一对排好的镜头按照音频制作变速。选中镜头"01"，调出时间重映射速度线，设置快慢变速，如图9-17所示。设置完成后，视频是快速、慢速、快速的效果。镜头收尾在第一个标记处，后续每个镜头按照标记点的位置，单独调节镜头时长。

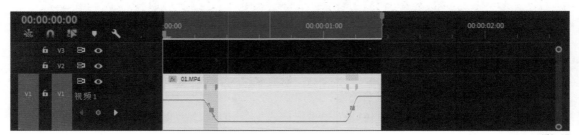

图9-17

■ 7. 镜头"02"的速度调节方式与"01"相同，视频是快速、慢速、快速的效果。因为镜头"01"是快速收尾的，所以镜头"02"最好快速开始，这样转接处才会更流畅，如图9-18所示。

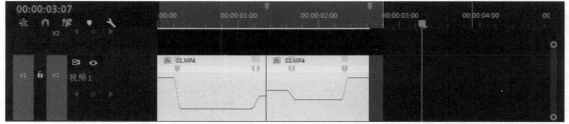

图9-18

■ 8. 重复前几个步骤对镜头"03"进行设置，如图9-19所示。

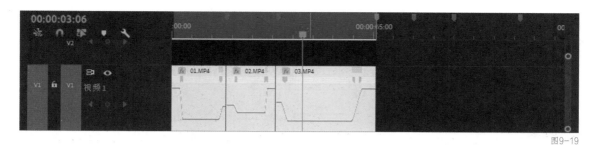

图9-19

■ 9．后续镜头设置方法同前几个镜头一致，设置完成后时间线上的效果如图9-20所示。

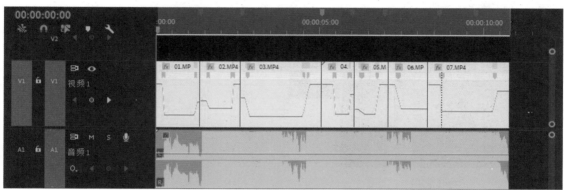

图9-20

■ 10．为所有镜头统一色调。新建调整图层，添加"Lumetri 颜色"中的"Look"下拉列表中的任意效果，以统一整体色调，如图9-21所示。

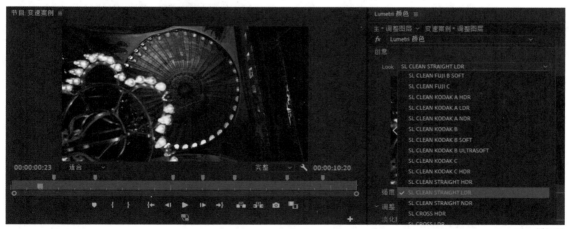

图9-21

■ 11．添加黑色的颜色遮罩。新建一层颜色遮罩，放在V3轨道上，为该层添加"裁剪"效果，参数设置如图9-22所示。

图9-22

■ 12. 复制颜色遮罩并将其放在V4轨道上，删除V3轨道上颜色遮罩的"裁剪"效果，同时为V3轨道上的颜色遮罩添加"轨道遮罩键"效果，设置如图9-23所示。

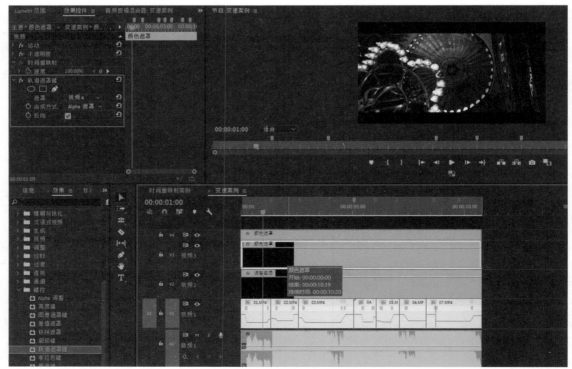

图9-23

本课练习题

1. 判断题

（1）升格镜头是加速镜头。（　　）

（2）降格镜头是减速镜头。（　　）

（3）"光流法"适合快速镜头。（　　）

（4）"帧混合"适合慢速镜头。（　　）

（5）使用"时间重映射"可做坡度变速。（　　）

（6）调出"剪辑速度/持续时间"对话框的快捷键是Ctrl+R。（　　）

（7）延时摄影就是降格镜头。（　　）

参考答案

（1）错;（2）错;（3）错;（4）错;（5）对;（6）对;（7）错。

2. 操作题

根据提供素材，完成镜头变速组接，最终效果如图9-24所示。

图9-24

操作题要点提示

① 镜头组接编辑点的选择要根据音乐的节奏来定。

② 编辑点前后的镜头速度要相同，快接快、慢接慢。

③ 音乐节奏有明显变化时，编辑点前后的速度也可快慢结合。

第 **10** 课

关键帧动画的使用

关键帧是制作动画时会用到的一个专业术语。帧是动画中最小单位的单幅影像画面，相当于电影胶片上的每一格镜头；在时间线上，帧表现为一格或一个标记点。关键帧是物体在运动中或变化中的发生关键动作的那一帧。关键帧与关键帧之间的动画可以由剪辑软件来创建，创建出的动画被称为"过渡帧"或"中间帧"。

在Premiere Pro 2020中可以方便快捷地设置关键帧动画。关键帧动画可以用于模拟镜头的运动效果，本课主要讲解镜头基本属性动画和视频动画的制作方法。

本课知识要点

◆ 临时插值
◆ 空间插值
◆ 视频动画

第1节 基本属性动画

关键帧记录着属性的数值变化，如空间位置、不透明度等。关键帧之间的属性数值会被自动计算出来。完成一次动画创作至少需要两个关键帧，一个处于数值变化的起始位置，另一个处于数值变化结束位置。

在Premiere Pro 2020中，要将静止镜头变成运动镜头，就需要对镜头的"位置""缩放"和"旋转"属性等设置关键帧动画，下面讲解两种运动镜头的制作方法。

知识点 1 平移镜头

平移镜头是模拟摄像机水平移动的运动效果。制作平移镜头，需要对素材的"位置"属性设置关键帧动画，同时也需要修改"缩放"属性。

图10-1

在序列内导入一段素材，序列和素材的尺寸是匹配的，效果如图10-1所示。选中素材，在"效果控件"面板中修改"缩放"数值，再微调"位置"属性的数值，设置如图10-2所示。目的是使素材的尺寸大于序列的尺寸，这样制作出的平移动画才不会穿帮。

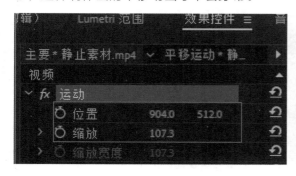

图10-2

在"效果控件"面板中，移动播放头指针到镜头的起始点，单击打开"位置"属性前的码表，系统自动在播放头指针处设置好"位置"属性的第一个关键帧，如图10-3所示。将播放头指针向后拖曳几帧，修改"位置"属性的数值，系统会自动生成第二个关键帧，如图10-4所示。

图10-3

图10-4

提示 "位置"属性后的两个参数分别代表水平数值和垂直数值。如果要制作水平运动动画，修改第一个数值即可；如果要制作升降镜头的运镜效果，修改第二个数值即可。

位置动画设置好后，可以通过以下两种设置更改运动速度和运动路径。

1. 临时插值

临时插值用于控制关键帧在时间线上的速度变化状态。通过设置"临时插值"，可以更改运动速度，从而增强动画的节奏感。选中两个关键帧，单击鼠标右键，执行"临时插值"命令，如图10-5所示。

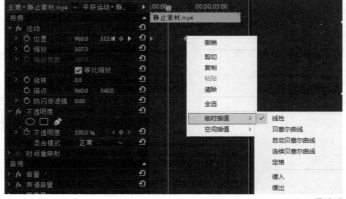

图10-5

"临时插值"分为以下几种类型。

▌线性。"线性"可以创建关键帧之间的匀速变化。默认关键帧为"线性"关键帧，如图10-6所示。

图10-6

▌贝塞尔曲线。选择"贝塞尔曲线"，可以将线性关键帧更改为变速关键帧。在"效果控件"面板中，可手动调节贝塞尔曲线，如图10-7所示。调节后，在节目窗口中可以看到路径上的点的间距产生明显的疏密变化，如图10-8所示，点与点之间的距离越小速度越慢，点与点之间的距离越大速度越快。

▌自动贝塞尔曲线。选择"自动贝塞尔曲线"，可以将线性关键帧更改为平滑关键帧，关键帧形状会变为圆形，用于实现平滑运动速度，如图10-9所示。

▌连续贝塞尔曲线。选择"连续贝塞尔曲线"，可实现平滑变速过渡，如图10-10所示。

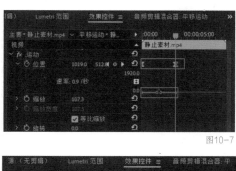

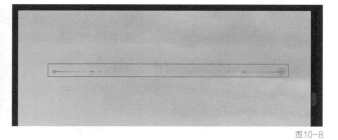

图10-7

图10-8

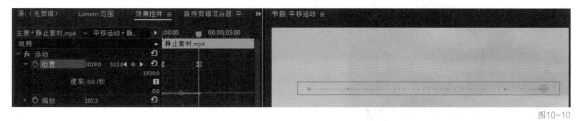

图10-9

图10-10

▌ 定格。选择"定格",可使当前关键帧数值不变,和下一帧之间不产生动画过渡,如图10-11所示。

图10-11

▌ 缓入。选择"缓入",线性关键帧变为变速关键帧时,速度变化由快到慢,如图10-12所示。

图10-12

▌ 缓出。选择"缓出",线性关键帧变为变速关键帧时,速度变化由慢到快,如图10-13所示。

图10-13

2. 空间插值

空间插值可以用于控制运动路径。通过设置"空间插值"可以更改镜头的运动方向，从而可以在节目窗口中快速地调节运动路径。选中两个关键帧，单击鼠标右键，执行"空间插值"命令，如图10-14所示。

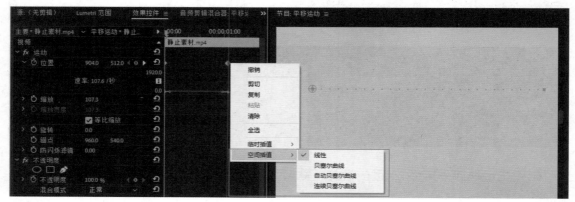

图10-14

"空间插值"分为以下几种类型。

■ 线性。选择"线性"，关键帧之间的线段为直线，如图10-15所示。

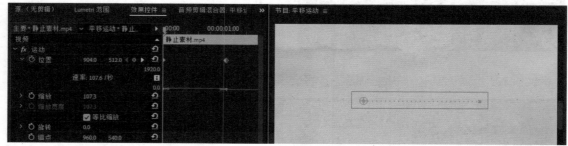

图10-15

■ 贝塞尔曲线。选择贝塞尔曲线，可在节目窗口中手动调节控制点两侧的手柄，通过贝塞尔曲线手柄调节曲线形状，可实现不同的运动路径效果，如图10-16所示。

图10-16

■ 自动贝塞尔曲线。选择"自动贝塞尔曲线"，控制点两侧的手柄位置会自动更改，使路径还原为平滑状态，如

图10-17所示。

▌连续贝塞尔曲线。选择"连续贝塞尔曲线",贝塞尔曲线手柄会自动出现且更改形状,如图10-18所示。

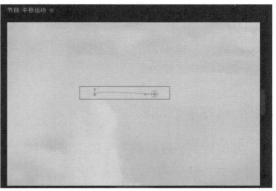

图10-17   图10-18

知识点 2　推镜头

推镜头是模拟摄像机推向被摄主体的运镜效果。制作推镜头效果,需要设置素材的"缩放"属性关键帧动画。选中素材,在"效果控件"面板中,将播放头指针拖曳到镜头的起始点,单击打开"缩放"属性前的码表,系统自动在播放头指针处生成"缩放"属性的第一个关键帧,如图10-19所示。将播放头指针向后拖曳几帧,修改"缩放"属性数值,系统自动生成第二个关键帧,如图10-20所示。

图10-19

图10-20

> **提示** 调换"缩放"属性的两个关键帧的位置，可实现摄像机远离拍摄主体的效果，俗称为"拉镜头"。如果想制作镜头旋转着向前推进的效果，可在设置"缩放"属性关键帧动画的同时，设置"旋转"属性的关键帧动画，其方法与设置"缩放"属性关键帧动画的方法相同。

针对视频的"不透明度"、音频的"音量"，都可用同样的方式设置关键帧动画。"不透明度"的关键帧可以记录视频的透明到不透明之间的过渡效果，音频的"音量"关键帧可以控制音量大小的过渡效果。

案例　基本属性动画

案例要求： 在运动镜头的大场景中加入卡通素材，使卡通素材的运动匹配大场景的摄像机运动路径，效果如图10-21所示。

案例操作要点：（1）用缩放动画模拟镜头运动，（2）用位移动画创建飞机运动路径。

操作步骤

■　1. 整理分层素材并导入时间线上，效果如图10-22所示。

图10-21

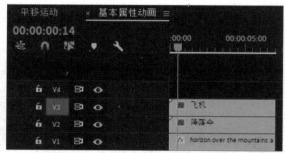

图10-22

■　2. 设置素材"降落伞"的"位置""缩放"属性的关键帧动画，模拟镜头推进的效果。选中"降落伞"素材，在"效果控件"面板中，将播放头指针拖曳到素材的起始点，单击打开"位置""缩放"属性前的码表，设置第一个关键帧，如图10-23所示。

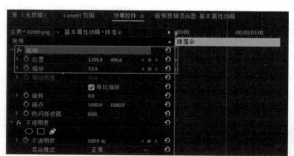

图10-23

■ 3. 将播放头指针向后拖曳几帧，更改"位置""缩放"属性的数值，如图10-24所示。

图10-24

■ 4. 将播放头指针继续向后拖曳几帧，更改"位置""缩放"属性的数值，如图10-25所示。

图10-25

■ 5. 制作素材"飞机"的"位置""缩放""旋转"属性的关键帧动画。选中"飞机"素材，在"效果控件"面板中，将播放头指针拖曳到素材的起始点，单击打开"位置""缩放""旋转"属性前的码表，设置第一个关键帧，如图10-26所示。

图10-26

提示 第一个关键帧的位置设置在画面外，素材"飞机"的动画路径是飞入画面中再飞出画面。

■ 6. 将播放头指针向后拖曳几帧，设置如图10-27所示。同时选中节目窗口中的路径调整手柄，修改路径的形状。

■ 7. 更改素材"飞机"的运动速度。选中"位置"属性关键帧，单击鼠标右键，执行"临时插值-贝塞尔曲线"命令，如图10-28所示。在"位置"属性下调节速度曲线的形状，实现先快后慢的运动效果，如图10-29所示。

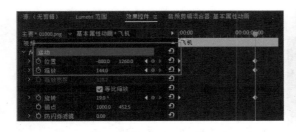

图10-27

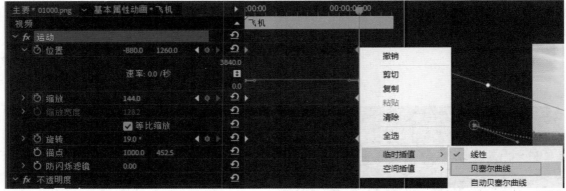

图10-28

图10-29

■ 8. 添加调整图层，应用颜色预设统一画面的色调，然后加入环境音（大自然音效及飞机的音效），如图10-30所示。

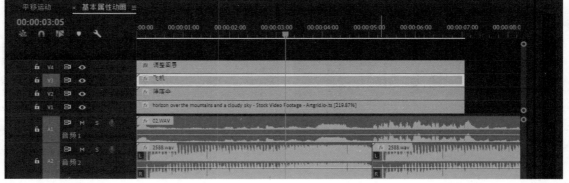

图10-30

第2节 综合案例——Vlog片头制作

视频素材的基本属性可以通过关键帧来记录运动效果，视频滤镜也可以通过设置关键帧来记录动画的过渡效果，下面讲解手写字效果的动画制作方法。

通过"书写"选项实现手写字效果的应用，学会在Premiere Pro 2020中设置视频动画。

案例要求：应用手写字的动画效果，实现Vlog片头文字画面的制作，如图10-31所示。

案例操作要点：（1）"书写"效果的应用，（2）混合模式的应用。

操作步骤

■ 1. 准备两层素材导入序列内，一层为电视机的底纹层，另一层为字幕"Vlog"，如图10-32所示。

■ 2. 选择字幕层"Vlog"，在"效果"面板中选择"视频效果"中"生成"文件夹中的"书写"选项，将"书写"选项拖曳到字幕层"Vlog"上，为其添加"书写"效果，设置如图10-33所示。

图10-31

图10-32

图10-33

■ 3. 在"效果控件"面板中，将播放头指针拖曳至字幕的起始点，单击打开"画笔位置"属性前的码表，设置第一个关键帧，如图10-34所示。

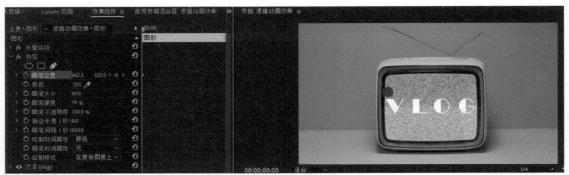

图10-34

■　4．逐帧移动播放头指针，每移动一帧更改一次画笔位置，直到把文字全部涂满，如图10-35所示。

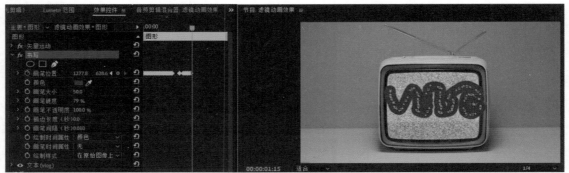

图10-35

■　5．在"书写"下修改"绘制样式"属性，选择"显示原始图像"选项，如图10-36所示。

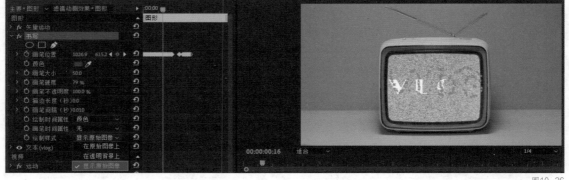

图10-36

■　6．将字幕层"Vlog"单独嵌套，嵌套后修改"缩放"属性，同时将"混合模式"修改为"叠加"，如图10-37所示。

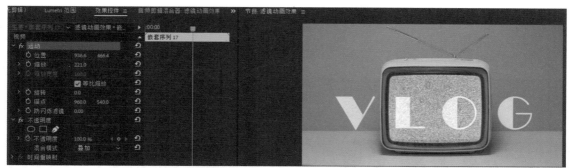

图10-37

■ 7. 添加调整图层，应用颜色预设统一画面的色调，也可添加电视雪花音的音效，如图10-38所示。

图10-38

第3节 综合案例——电影片头制作

案例要求： 制作翻页效果的电影片头，效果如图10-39所示。

案例操作要点：（1）应用基本属性动画实现文字飞入效果，（2）应用视频效果实现翻页效果，（3）轨道遮罩配合蒙版动画实现文字特效。

操作步骤

■ 1. 新建一个序列，在菜单栏中执行"编辑－首选项－时间轴"命令，修改"时间轴"选项卡中的参数，设置如图10-40所示。

图10-39　　　　　　　　　　　　　　　　　　　　　　　　图10-40

■ 2. 在"项目"面板中，导入图片素材，将图片拖曳到时间线上，设置每张图片长度为4帧，如图10-41所示。

图10-41

■ 3. 选中第一个素材，在"效果"面板中，选择"视频效果"中"扭曲"文件夹中的"变换"选项，将"变换"效果拖曳到第一个素材上，如图10-42所示。在"效果控件"面板中，设置"位置"属性的关键帧动画，将素材从画面外移动到画面内，设置"快门角度"数值为"180.00"，如图10-43所示。

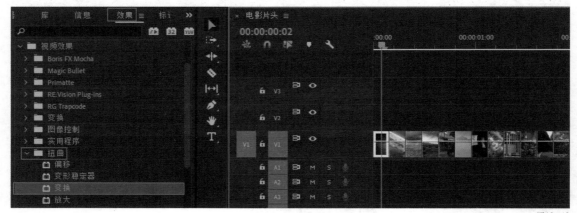

图10-42

126

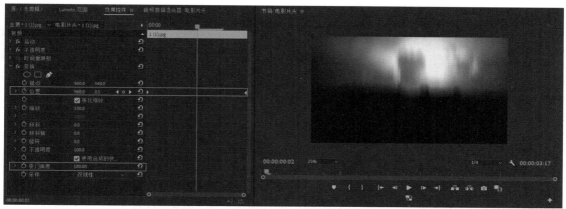

图10-43

■ 4．选中第一个素材，按快捷键Ctrl+C进行复制，框选其他所有素材，单击鼠标右键，执行"粘贴属性"命令，弹出"粘贴属性"对话框，如图10-44所示。将所有素材依次向上拖动放置到新的轨道上，效果如图10-45所示。

图10-44

提示 选中图层按快捷键Alt+↑/↓，可实现素材上下轨道的快速跳转。

■ 5．拖动所有素材的出点，均增加4帧的长度，效果如图10-46所示。

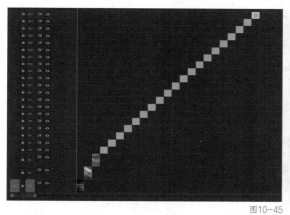

图10-45

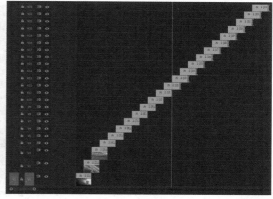

图10-46

■ 6．选中所有素材，单击鼠标右键，执行"嵌套"命令，并将嵌套命名为"背景"，如图10-47所示。

■ 7．复制背景层，新建一层字幕素材，命名为"Notice"。关闭V1轨道的显示，为V2轨道的素材"背景"添加"轨道遮罩键"效果，如图10-48所示。

■ 8．复制字幕"Notice"，为该层绘制蒙版，设置蒙版路径动画，第1帧的效果如图10-49所示，第2帧的效果如图10-50所示。

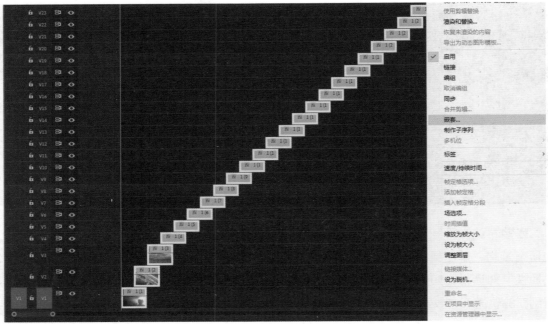

图10-47

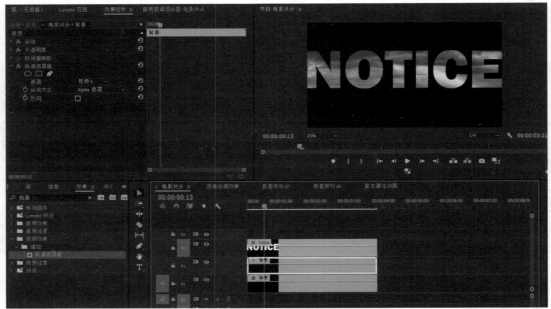

图10-48

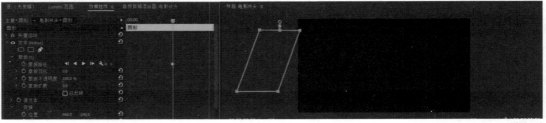

图10-49

图10-50

■ 9.复制蒙版,将两个关键帧前后位置互换,设置如图10-51所示。

■ 10.再次复制字幕"Notice"层,删除蒙版,添加"裁剪"效果,设置"裁剪"效果的关键帧动画,第一个关键帧的设置如图10-52所示,第二个关键帧的设置如图10-53所示。

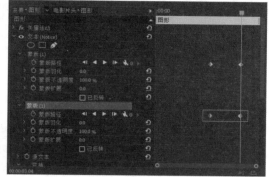

图10-51

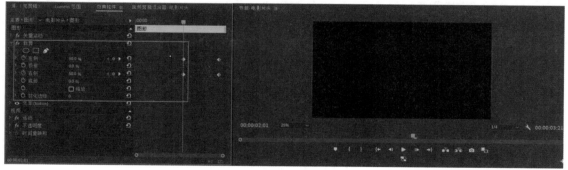

图10-52

图10-53

■ 11.保留最底层背景,框选以上所有层,单击鼠标右键,执行"嵌套"命令,并将其命名为"文字",如图10-54所示。

图10-54

12. 新建一层红色的颜色遮罩，放在"文字"和"背景"层之间，将"混合模式"设置为"叠加"，如图10-55所示。

图10-55

13. 设置"文字"层的"缩放"属性的关键帧动画，第一个关键帧的设置如图10-56所示，第二个关键帧的设置如图10-57所示。

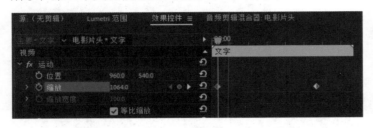 

图10-56

图10-57

14. 在"颜色遮罩"层上再添加一层颜色遮罩，设置"颜色遮罩"层"不透明度"属性的关键帧动画。设置第一个关键帧的"不透明度"为"0%"，第二个关键帧的"不透明度"为"100%"，同时为该层添加颜色预设，设置边角压暗效果，如图10-58所示。

图10-58

图10-58（续）

■ 15．添加两层素材，分别是两条细线加文字，如图10-59所示。

■ 16．为上方的细线设置"蒙版"属性的关键帧动画，设置如图10-60所示。

图10-59

■ 17．为下方的细线设置"位置""不透明度"属性的关键帧动画，设置如图10-61所示。

图10-60　　　　　　　　　　　　　　　　　　图10-61

■ 18．为两条横线之间的文字制作"蒙版"属性的关键帧动画，设置如图10-62所示。

图10-62

■ 19．案例完成，最终工程如图10-63所示。

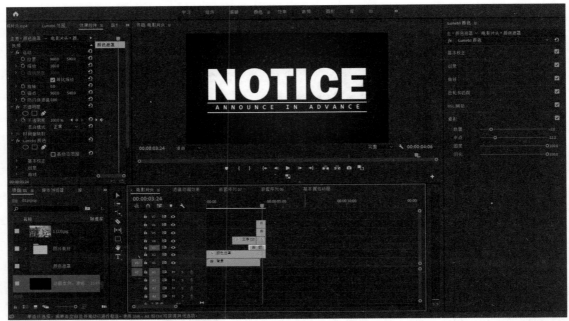

图10-63

本课练习题

1. 填空题

（1）产生关键帧动画至少需要（　　　）个关键帧。

（2）控制镜头运动速度可用（　　　）插值。

（3）运动路径的点越密集，代表镜头速度越（　　　）。

（4）手写字效果可用（　　　）选项制作。

参考答案

（1）两；（2）临时；（3）慢；（4）"书写"。

2. 选择题

（1）在时间线上，选中镜头向上层轨道移动应按快捷键（　　　）。

A. Ctrl+↑　　　　　B. Ctrl+↓　　　　　C. Alt+↑　　　　　D. Alt+↓

（2）模拟平移镜头需要调节（　　　）。

A."位置"属性　B."缩放"属性　　C."不透明度"属性　D."旋转"属性

（3）模拟推镜头需要调节（　　　）。

A."位置"属性　B."缩放"属性　　C."不透明"度属性　D."旋转"属性

参考答案

（1）C；（2）A；（3）B。

3. 操作题

运用提供的素材，完成动感幻灯片效果的影片制作，最终效果如图10-64所示。

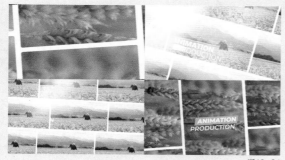

图10-64

> **操作题要点提示**
>
> ① 光效素材的应用需要修改"混合模式"，需在黑色背景上选择"滤色"模式。
>
> ② 制作关键帧动画时需设置关键帧的速度变化。
>
> ③ 本题会应用到的视频效果有复制、偏移、变换等。

第 **11** 课

蒙版与跟踪

蒙版是Premiere Pro 2020中一个重要的合成工具，蒙版的应用非常广泛，可以用来制作一些局部的效果或转场。最常见的功能就是给人物面部或其他画面的局部打马赛克、做模糊处理。

本课主要讲解蒙版的基础操作，例如蒙版中钢笔工具的用法，以及蒙版可以产生哪些效果，蒙版在实际应用中又能做哪些合成效果。

本课知识要点

◆ 蒙版的位置

◆ 蒙版的作用

◆ 蒙版工具的用法

◆ 蒙版跟踪

第1节 认识Premiere Pro 2020中的蒙版

本节主要讲解蒙版所在的位置与蒙版的作用，以及蒙版工具的具体使用方法。

知识点 1 蒙版的位置

蒙版并不是一个效果，它是一个工具，这个工具基于每一个属性或效果产生作用。例如，把素材放置到时间线上，选中素材，在"效果控件"面板中，展开"不透明度"选项，可以看到几个工具，分别是椭圆工具、矩形工具和钢笔工具。这些工具统称蒙版工具，用它们可以绘制出蒙版的各种形状，如图11-1所示。

图11-1

另外，当添加了新的效果时，展开效果，同样可以看到这3个工具，如图11-2所示。

图11-2

知识点 2 蒙版的作用

蒙版可以理解为局部显示某种效果，在实际使用中通常能起到两个作用：第一个是局部显示画面，第二个是局部添加效果。

1. 局部显示画面

例如为一张纯颜色的图片添加蒙版，可以实现局部显示画面的效果，如图11-3所示，矩形内的黄色区域被保留下来，而矩形外面的黄色区域消失了，呈现为黑色（Premiere Pro 2020中透明画面呈现为黑色）。

2. 局部添加效果

利用蒙版可以为画面的局部添加效果，如图11-4所示，矩形内的黄色区域变为橙色，而矩形外的颜色则没有变化（为局部添加颜色平衡，使它改变了颜色）。用这种方式可以实现许多局部效果，如常见的局部马赛克和局部颜色校正等。

图11-3　　　　　　　　　　　　　　　　　　　　图11-4

综上所述，蒙版可以调整一个完整画面的局部信息，当涉及局部画面的调整时，可以优先考虑使用蒙版。

知识点 3　蒙版的效果

在每一个效果下都有椭圆工具 ⬭、矩形工具 ⬜ 和钢笔工具 🖋 这3个蒙版工具，通过这些工具可以绘制出蒙版，蒙版内的效果具体是什么，取决于当前蒙版工具属于哪个效果。

图11-5所示的蒙版在"效果控件"面板中的"不透明度"效果下，最终呈现出的效果就是蒙版内的画面显示，蒙版外的画面消失（"不透明度"效果决定画面的透明程度），如图11-6所示，人物眼睛的瞳孔被保留下来，眼眶以及面部变为透明。

图11-5

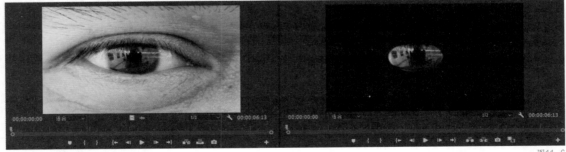

图11-6

图11-7所示的蒙版是在"效果控件"面板中的"高斯模糊"效果下，最终呈现出的效果就是蒙版内的画面模糊，蒙版外的画面清晰（"高斯模糊"效果决定画面的模糊程度），如图11-8所示，人物眼睛的瞳孔变得模糊，眼眶以及面部保持清晰。

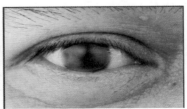

图11-7　　　　　　　　　　　　　　　　　　　　图11-8

知识点 4 蒙版工具的用法

使用蒙版工具可以绘制出不同形状的蒙版，可以对绘制好的蒙版进行修改，以达到修改局部效果的目的。

1. 椭圆工具 ◉

单击"椭圆工具"按钮，画面中会生成椭圆形的蒙版，如图11-9所示，在椭圆形蒙版上单击可添加点，拖曳点可以改变椭圆的形状。一般情况下，当局部画面形状与圆形类似时，可以直接用椭圆工具进行绘制，再进行细微的调整，如图11-10所示。

图11-9   图11-10

2. 矩形工具 ▣

使用矩形工具可绘制出矩形，如图11-11所示。在矩形上单击可以添加点，拖曳点可以调整矩形的形状，如图11-12所示。

图11-11   图11-12

3. 钢笔工具 ✎

使用钢笔工具可自由绘制形状，在画面中单击可以添加点，改变鼠标指针位置，再次单击便会形成线，如图11-13所示。

若单击的同时拖曳鼠标指针，则会出现贝塞尔曲线手柄，直线会变为带有弧度的线条，如图11-14所示。如果在绘制时没有拖曳出贝塞尔曲线手柄，绘制后按住Alt键拖曳点，也可拉出贝塞尔曲线手柄。

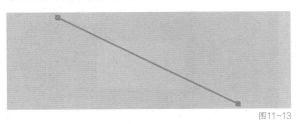

图11-13   图11-14

知识点 5 钢笔工具的用法

绘制蒙版时，用得最多的就是钢笔工具，因为它可以根据画面的轮廓绘制形状，如图11-15所示。

例如，选择"视频效果"文件夹中的"模糊与锐化"文件夹，将"高斯模糊"效果拖曳到素材上，在"效果控件"面板中，展开"高斯模糊"效果并添加蒙版，使用钢笔工具沿着鸡蛋筐的形状勾勒出轮廓，调整"模糊度"使蒙版中的鸡蛋筐变得模糊。在绘制过程中，弧线与直线的结合使用，会使轮廓更细腻顺畅。

图11-15

在使用钢笔工具绘制路径时，需闭合路径，也就是从顶点开始绘制，最后衔接至顶点，如图11-16所示。

如果路径未形成闭合状态，则原画面不会有任何变化，如图11-17所示。

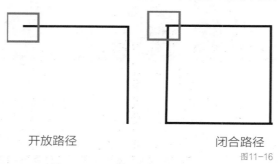

开放路径　　　　　　闭合路径

图11-16

图11-17

知识点 6　蒙版的调整技巧

按住点拖曳可改变蒙版的形状，选中点，按键盘上的上箭头、下箭头、左箭头和右箭头也可以微调点的位置。

例如按住矩形右下角的点拖曳，便可以修改点的位置，同时改变矩形形状，如图11-18所示。

将鼠标指针放在任意一个点之外并按住 Shift 键，鼠标指针将变为双向箭头，这时按住鼠标左键进行拖曳可以将蒙版等比例放大缩小。

例如，矩形过小时可把鼠标指针放在任意一个点的外侧，按住 Shift 键，鼠标指针变成双向箭头，这时按住鼠标左键进行拖曳，蒙版会等比例放大或缩小，如图11-19所示。

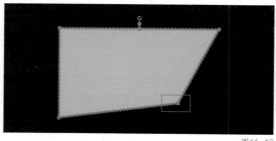

图11-18

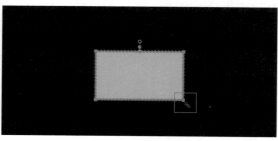

图11-19

将鼠标指针放在蒙版内，当鼠标指针变成手型时，按住鼠标左键进行拖曳可以改变蒙版位置。

第2节 蒙版的属性

本节主要讲解蒙版的5个属性："蒙版路径""蒙版羽化""蒙版不透明度""蒙版扩展"和"已反转"，如图11-20所示。

图11-20

知识点 1 蒙版路径

通过调整"蒙版路径"可以制作蒙版形状与位置的关键帧动画。

例如，开启码表添加关键帧，在不同时间改变蒙版点的位置，蒙版会发生形状变换，Premiere Pro 2020会自动添加关键帧并设置动画，如图11-21所示，此时制作出了蒙版从矩形变为不规则图形的动画。

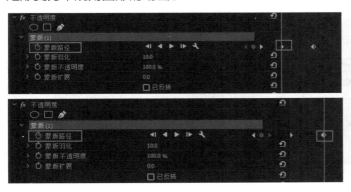 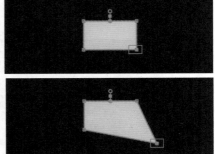

图11-21

例如，开启码表添加关键帧，在0秒时候添加关键帧，将播放头指针拖曳到2秒处，同时移动蒙版的位置，Premiere Pro 2020会自动添加关键帧，此时矩形产生从左往右的动画，如图11-22所示。

图11-22

知识点 2 蒙版羽化

当使用蒙版工具绘制出形状后，若想让蒙版内外的过渡柔和，就需要调整"蒙版羽化"属性，来羽化蒙版边界，如图11-23所示，选择"视频效果"文件夹中的"模糊与锐化"文件夹，将"高斯模糊"效果拖曳到素材上，在"效果控件"面板中，展开"高斯模糊"效果并添加蒙版，调整"蒙版羽化"属性，虚线距离越远，羽化过渡越大。

调整"蒙版羽化"属性会使局部画面看起来更加协调，如图11-24所示，若不做调整，蒙版内外画面的过渡就会显得过于生硬，如图11-25所示。

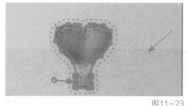

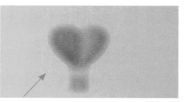

图11-23　　　　　　　　　　　　图11-24　　　　　　　　　　　　图11-25

知识点 3　蒙版不透明度

"蒙版不透明度"可以控制蒙版局部效果的强弱程度，默认值为"100%"，降低到"0%"时，蒙版内部的画面会消失。

例如选择"视频效果"文件夹中的"模糊与锐化"文件夹，将"高斯模糊"效果拖曳到素材上，在"效果控件"面板中，展开"高斯模糊"效果并添加蒙版，"蒙版不透明度"决定的是模糊程度（效果的强度）。"蒙版不透明度"为"100%"，效果强度最大，相反则最小，如图11-26所示，贝壳的局部模糊强度越来越小。

（a）蒙版不透明度为"100%"　　（b）蒙版不透明度为"50%"　　　（c）蒙版不透明度为"10%"

图11-26

"蒙版不透明度"比较特殊，当在"不透明度"中添加蒙版时，"蒙版不透明度"与"不透明度"调整的效果相同（调整画面的透明程度），如图11-27所示。

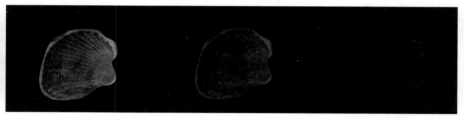

（a）蒙版不透明度为"100%"　　　（b）蒙版不透明度为"50%"　　（c）蒙版不透明度为"10%"

图11-27

提示　当在"不透明度"中添加蒙版时，蒙版的不透明度调整的是画面的透明程度，因此当"蒙版不透明度"为"0%"时，画面也会变为透明。

知识点 4　蒙版扩展

"蒙版扩展"也是调整蒙版大小的方法之一，它可以使蒙版边界内移或者外移，但跟手动等比例放大缩小蒙版的方法有所不同，"蒙版扩展"数值越大，三角形的3个角就会越圆润，而手动等比例放大缩小蒙版则不会让三角形的角变为圆角，如图11-28所示。

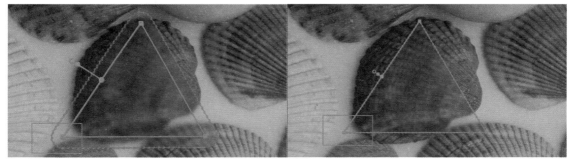

图11-28

提示 将鼠标指针放置在任意一点的外侧，按住Shift键，这时鼠标指针会变成双向箭头，单击并拖曳点，将蒙版等比例放大缩小，三角形的角不会变成圆角。

知识点 5 已反转

勾选"已反转"复选框，可以将蒙版内部和蒙版外部的效果对调，如图11-29所示。

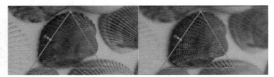

图11-29

提示 蒙版可以重复使用，若其他素材也想用当前素材的蒙版形状，可直接选中当前蒙版，对其进行复制粘贴，如图11-30所示。

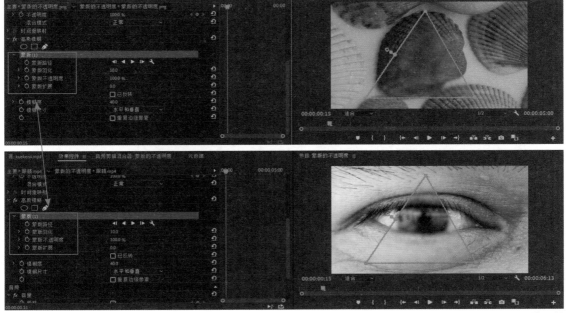

图11-30

第3节 蒙版跟踪

本节主要讲解蒙版路径的跟踪效果。

开启"蒙版路径"属性的码表，单击"向前跟踪所选蒙版"按钮后，Premiere Pro 2020可自动识别蒙版内的物体运动路径，使蒙版自动跟踪物体运动路径，并添加好关键帧，无须手动添加关键帧，如图11-31所示。

图11-31

例如想在主体物上添加局部高斯模糊的效果，但画面内主体物是有位置变化的，此时可以启用蒙版路径自动跟踪，Premiere Pro 2020会根据主体物的位置、大小和旋转变化，自动移动蒙版位置，调整蒙版的形状与旋转方向，并添加关键帧，如图11-32所示。

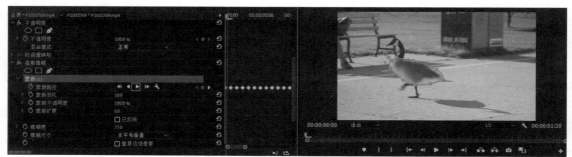

图11-32

> **提示** 虽然是自动跟踪，但并不能保证百分百与物体运动路径相匹配，还需要手动检查并调整。

第4节 综合案例——咖啡杯中的大海

案例要求： 需要将俯拍的大海素材合成到杯子里的咖啡中，看起来像是大海在杯子中一样，如图11-33所示。

案例操作要点：（1）素材在轨道中的层级关系，（2）蒙版的使用，（3）蒙版局部效果的调整。

操作步骤

■ 1. 将素材放置到时间线上，由于Premiere Pro 2020中有上下层级关系（优先显示上一层画面），所以要将素材"大海"（V2轨道）放置在素材"咖啡"（V1轨道）的上层，如图11-34所示。

图11-33

■ 2. 在"效果控件"面板中，调整
"运动"效果的"位置""缩放"属性，用于调
整素材"大海"（V2轨道）的位置与大小，选
取合适的画面放在杯口中，如图11-35所示。

图11-34

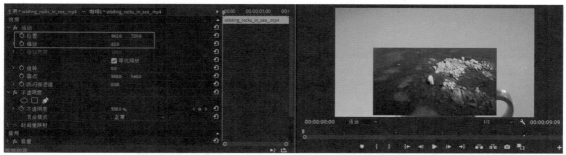

图11-35

■ 3. 关闭素材"大海"（V2轨道）的轨道显示按钮 ，V2轨道为不可见，同时在"效
果控件"面板中，为素材"大海（V2轨道）"添加"不透明度"的蒙版，按照杯口大小调整
蒙版大小，可适当增大蒙版羽化，使边缘更加柔和，如图11-36所示。

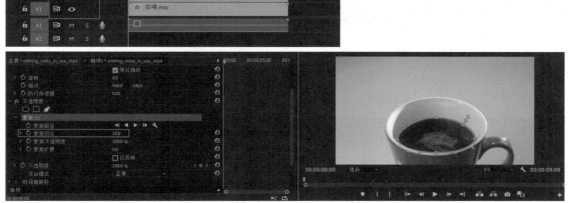

图11-36

■ 4. 开启素材"大海"V2轨道显示按钮 ，设置"蒙版不透明度"为"70%"，此时
可以看到"大海"（V2轨道），也可以看到素材"咖啡"（V1轨道）的液体，如图11-37所示。

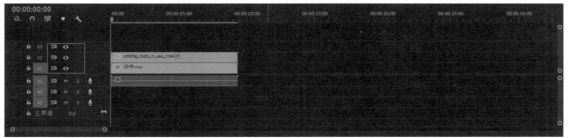

图11-37

143

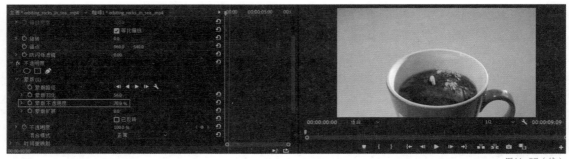

图11-37（续）

■ 5. 选中素材"咖啡杯"（V1轨道）"，在"效果"面板中选择"颜色平衡"效果，在"效果控件"面板中，为"颜色平衡"添加蒙版，按照素材"咖啡"（V1轨道）中咖啡杯轮廓绘制形状，如图11-38所示。

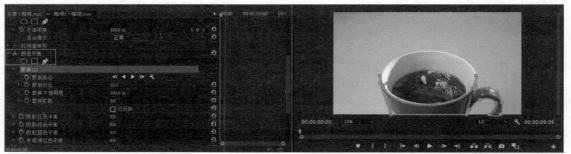

图11-38

■ 6. 调整"颜色平衡"效果中的"阴影蓝色平衡"与"中间调绿色平衡"，将"阴影蓝色平衡"调整为"80"，将"中间调绿色平衡"降低为"-40"，此时，素材"咖啡"（V1轨道）便会呈现粉红色，如图11-39所示。

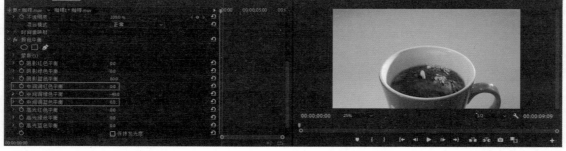

图11-39

通过以上操作，可以实现大海在杯中显示的效果。

本课练习题

1. 单选题

（1）蒙版的作用有（　　）。

A. 局部添加效果　　　　　B. 局部显示画面　　　　C. 添加局部高斯模糊

（2）蒙版工具存在于（　　）。

A. "不透明度"属性中　　B. "高斯模糊"属性中　　C. 每一种效果和属性中

（3）运用"蒙版拓展"属性时需要注意什么？（　　）

A. 蒙版的形状　　　　　　B. 蒙版扩大时边角会成圆角　C. 不需要注意

（4）用蒙版工具等比例放大蒙版形状的快捷键为（　　）。

A. Ctrl　　　　　　　　　　B. Alt　　　　　　　　　C. Shift

（5）"蒙版的不透明度"属性的作用是（　　）。

A. 控制画面的透明度　　　B. 控制效果的强弱程度　　C. 没有作用

参考答案

（1）A;（2）C;（3）B;（4）C;（5）B。

2. 判断题

（1）使用蒙版椭圆工具只能绘制椭圆形。（　　）

（2）使用蒙版路径只能制作蒙版的位置移动动画。（　　）

（3）使用蒙版钢笔工具需要闭合路径。（　　）

参考答案

（1）错;（2）错;（3）对。

3. 操作题

运用本课的案例素材，配合学习过的知识点，完成合成练习，最终效果如图11-40所示。

图11-40

操作题要点提示

① 轨道的层级关系。

② 蒙版的局部效果。

③ 蒙版羽化的调整。

第 **12** 课

合成应用

随着Premiere Pro不断地更新换代，剪辑功能也不断地完善和提升，同时还增强了合成技术功能。合成的最终目的，是通过不同的素材呈现出一个完整的图像。合成的核心思想就是分层，通过Premiere Pro 2020的分层技术，可以完成画面的构图设计。通过蒙版设置可以对图层进行抠像处理；通过调色模块可以对画面进行色彩调整；通过视频效果可以做到光影的融合，从而能够充分完成镜头合成的画面效果。

本课主要讲解Premiere Pro 2020的合成操作，具体讲解图层和选区在Premiere Pro 2020中的应用，并通过案例强化合成的应用技法。

本课知识要点

◆ 认识Alpha通道

◆ 嵌套图层及调整图层的应用

◆ 超级键抠像应用

◆ 认识轨道遮罩键

第1节 图层

图层就像一张张透明的玻璃纸，在每个图层上画画，然后根据图层的上下排列，让该挡住的部分被挡住，该露出的部分露出，从而得到最终想要的画面效果。

在Premiere Pro 2020中，上下视频轨道的关系就是上下图层的关系，谁在上就先显示谁。选中上层素材进行操作，下层素材不会受到影响。

本节主要讲解对带Alpha通道的素材进行分层合成的方法。

知识点 1 认识 Alpha 通道

Alpha通道是计算机图形学中的术语，它可以记录图像中的透明度信息，定义透明区域、不透明区域和半透明区域。

在Premiere Pro 2020中导入带Alpha通道的素材后，源窗口中的显示效果如图12-1所示。单击源窗口中的设置按钮🔧，选择"Alpha"选项，如图12-2所示。其中黑色区域表示透明，白色区域表示不透明，灰色区域表示半透明。

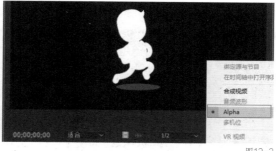

图12-1　　　　　　　　　　　　　　　　　　图12-2

将素材"01"拖曳到V2轨道上，因为素材"01"带有Alpha通道，所以在V1轨道上导入素材后，节目窗口可显示V1轨道上的素材内容，如图12-3所示。

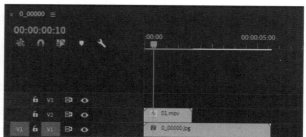

图12-3

从图中可以看到，两段素材上下排列，选中上层素材进行操作，下层素材不会受到影响。

知识点 2 嵌套图层及调整图层的应用

当一个镜头由多层素材合成时，需要把多层素材变成一层，方便后期对其进行整体调整，设置方法如下。

　　选中时间线上的所有图层，单击鼠标右键，执行"嵌套"命令，如图12-4所示。选中的图层自动变成一层，相当于对时间线内的素材进行打包，效果如图12-5所示。

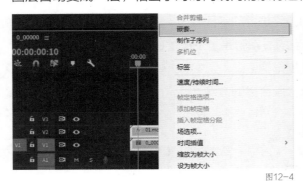
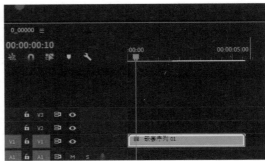

图12-4　　　　　　　　　　　　　　　　　　　　　　图12-5

　　使用嵌套可以对素材进行快速的处理，如调色、制作动画等。它不仅能使时间线看起来整洁，而且还能更方便地对素材进行剪辑和管理。

　　在不嵌套的情况下，要同时控制所有层，可以在"项目"面板中，单击"新建项"按钮■，选择"调整图层"选项，如图12-6所示。设置"调整图层"对话框中的参数，此处默认当前参数设置，单击"确定"按钮即可，如图12-7所示。

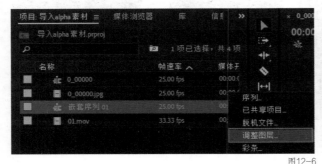

图12-6　　　　　　　　　　　　　　　　　　　　　　图12-7

　　在"项目"面板中，将新建的调整图层拖曳到时间线上，放在最上层，如图12-8所示。为调整图层添加"高斯模糊"效果，在"效果"面板中，选择"视频效果"文件夹中的"模糊与锐化"文件夹，将"高斯模糊"效果拖曳到调整图层上，设置"高斯模糊"参数，如图12-9所示。

图12-8

提示　调整图层只控制当前图层以下的所有图层，图层的时长不能短于下方所有图层的时长。

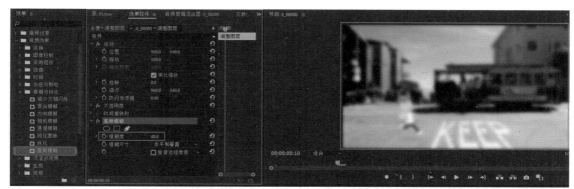

图12-9

下面应用以上知识点制作一个卡通合成案例。

案例 卡通合成

案例要求： 将实拍城市画面与卡通元素合成，效果如图12-10所示。

图12-10

案例操作要点： （1）区分上下层关系，（2）图层投影制作。

操作步骤

■ 1. 准备3个素材，按照上下层关系，依次放在时间线的视频轨道上，效果如图12-11所示。因为素材"01"和素材"02"是带Alpha通道的，所以能看到下层素材画面。

■ 2. 首先为素材"01"添加"水平翻转"效果，其次为素材"01"的"位置"属性设置关键帧

图12-11

动画，起点设置如图12-12所示，结束点设置如图12-13所示。

图12-12

图12-13

　　■　3．为素材"02"设置"位置"属性的关键帧动画，起点设置如图12-14所示，结束点设置如图12-15所示。通过以上设置，完成素材"01"、素材"02"的移动出画效果。

图12-14

图12-15

　　■　4．素材"01"自带投影效果，但是投影颜色浅，需要加深。复制4层素材"01"，上下重叠可加强投影效果，如图12-16所示。将基于素材"01"复制出的重叠层全部选中，嵌套为一层，如图12-17所示。

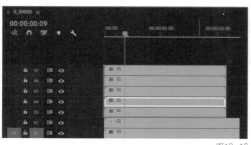

图12-16　　　　　　　　　　　　　　　　　图12-17

■ 5．为素材"02"添加"投影"效果。复制素材"02"，为下层素材"02"添加"投影"效果和"边角定位"效果，目的是将投影单独分开、独立控制，设置如图12-18所示。

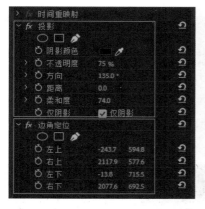

图12-18

■ 6．制作调整图层，添加颜色预设可统一画面色调，效果如图12-19所示。

图12-19

第2节　选区

　　要制作出合成效果，除了要应用图层，还要了解选区的操作方式，选区可对图层的某一个区域进行独立控制，选区形式主要分为以下3种。

　　▎蒙版：主要是利用蒙版工具绘制选区。

　　▎超级键：针对蓝色和绿色背景的素材，可快速抠除背景颜色，从而达到控制局部的作用。

　　▎轨道遮罩键：可以控制图层在特殊形状内的显示效果。

　　本节重点讲解"超级键"和"轨道遮罩键"的应用。

知识点 1　超级键抠像应用

　　打开"效果"面板，选择"视频效果"文件夹中的"键控"文件夹，其中共有9种滤镜，可以用于抠除素材的背景，这里重点学习"超级键"效果的应用。

　　导入绿色背景的素材，选择"视频效果"文件夹中的"键控"文件夹，将"超级键"效果拖曳到素材上，为其添加"超级键"，如图12-20所示"超级键"效果各项属性作用和设置，如图12-20所示。

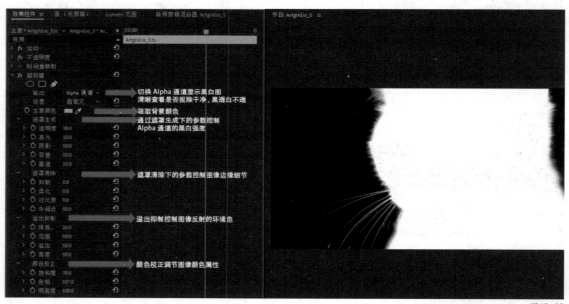

图12-20

　　设置好参数后，将"输出"设置为"合成"，绿色背景完成抠除。添加背景素材，根据背景素材的颜色，修改"超级键"效果中的"颜色校正"，使素材的颜色同背景颜色进一步统一，如图12-21所示。

　　素材合成后，需要整体融合到一个环境里，通过 Premiere Pro 2020 的颜色模块，可以对两层素材统一进行颜色处理，使用调整图层添加颜色预设，效果如图12-22所示。

图12-21

图12-22

在Premiere Pro 2020中，运用"超级键"对蓝绿背景素材进行抠像非常方便快捷。但是如果需要素材在特殊的图形范围内显示，就需要使用"蒙版"工具或"轨道遮罩键"效果来完成，下面讲解轨道遮罩的应用。

知识点2 认识轨道遮罩

轨道遮罩是通过上下两层素材共同完成最终效果的，下层为纹理层，上层为遮罩层（形状层），效果如图12-23所示。为下层添加"轨道遮罩键"，选择"视频效果"文件夹中的"键控"文件夹，将"轨道遮罩键"效果拖曳

图12-23

到下层纹理上，在"效果控件"面板中，将"遮罩"设置为"视频2"，"合成方式"设置为"Alpha遮罩"，如图12-24所示。

　　"合成方式"除了可以选择"Alpha遮罩"，也可以选择"亮度遮罩"，效果如图12-25所示。

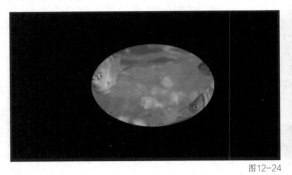

图12-24　　　　　　　　　　　　　　　　　　　　　　图12-25

> **提示**　"Alpha遮罩"读取上层素材的透明信息，上层透明，下层纹理透明；上层不透明，下层纹理不透明。所以在图12-25中，形状范围内的纹理是不透明的。
>
> 　　"亮度遮罩"读取上层素材的颜色信息，上层颜色越亮，下层纹理越不透明；上层颜色越暗，下层纹理越透明。在图12-25中，因为形状层是灰色的，明度较低，所以下层纹理为半透明。

案例　轨道遮罩练习

　　案例要求：在文字"火星时代"形状内显示城市背景内容，效果如图12-26所示。

　　案例操作要点：本案例将应用3个视频效果实现最终效果，这3个效果分别为轨道遮罩键、裁剪、色彩。

　　操作步骤

　　■　1．新建高清序列，导入两个素材，分别放在V2轨道和V3轨道上，命名为"火星时代"和"背景"，效果如图12-27所示。

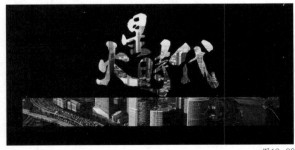

图12-26　　　　　　　　　　　　　　　　　　　　　　图12-27

　　■　2．选择"视频效果"文件夹中的"键控"文件夹中的"轨道遮罩键"效果，并将其拖曳到素材"背景"上，设置如图12-28所示。

　　■　3．复制素材"背景"粘贴在V1轨道上，删除"轨道遮罩键"效果，为其添加"裁剪"效果和"色彩"效果，设置如图12-29所示。

图12-28

图12-29

第3节 综合案例——合成

案例要求: 制作大鱼、城市、海洋等素材合成到灯泡里的效果，如图12-30所示。

图12-30

案例操作要点:（a）蒙版的应用,（b）轨道遮罩键的应用,（c）混合模式的应用。

> **提示** 混合模式的应用为上层对下层的混合效果，具体应用方法在视频中做了精细讲解。

操作步骤:

■ 1. 整理素材，导入到时间线上，具体排列顺序如图12-31所示。

图12-31

■ 2．找到已完成抠像的灯泡素材，复制两层，分别与上面3层素材执行"轨道遮罩"命令。使海、大鱼、城市分别在灯泡的范围内显示，效果如图12-32所示。

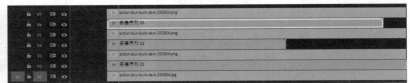

图12-32

■ 3．调节海天接缝处，分别绘制蒙版进行融合，如图12-33所示。同时设置大鱼的位移动画，在灯泡范围内实现由入到出的过程。

■ 4．修改纹理层的混合模式，使之跟灯泡相融合，效果如图12-34所示。

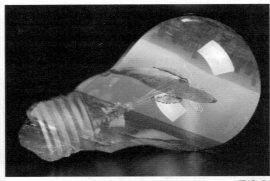

图12-33　　　　　　　　　　　　　　　　　　　　图12-34

■ 5．复制底层灯泡场景放在最上层，用蒙版抠除灯泡的纹理，保留灯泡边缘的质感细节，可多复制两层叠加，效果如图12-35所示。

图12-35

■ 6．添加"颜色遮罩"层，绘制蒙版保留桌面区域，更改混合模式，模拟反射光，使桌面反射蓝光，添加背景音乐，最终效果如图12-36所示。

图12-36

本课练习题

1. 填空题

（1）Alpha通道是用于记录（　　）信息的。

（2）Alpha通道中的白色区域代表（　　），黑色区域代表（　　）。

（3）选区在Premiere Pro 2020中有（　　）、（　　）、（　　）的应用形式。

（4）在Premiere Pro 2020中有蓝色和绿色背景的素材用（　　）效果抠像。

（5）轨道遮罩是通过（　　）层素材来完成最终效果。

参考答案

（1）透明度；（2）不透明、透明；（3）蒙版、超级键、轨道遮罩键；（4）超级键；（5）两。

2. 判断题

（1）轨道遮罩的应用是将效果添加给上层。（　　）

（2）Alpha通道中的灰色区域代表半透明。（　　）

（3）使用"超级键"可以抠除素材中的黑色背景。（　　）

（4）图层关系是下层遮挡上层。（　　）

（5）"轨道遮罩键"效果下的"亮度遮罩"会读取遮罩层的颜色信息。（　　）

参考答案：（1）错；（2）对；（3）错；（4）错；（5）对。

3. 操作题

运用本课案例中的大鱼素材，配合新提供的视频素材，完成将大鱼素材合入实拍场景中的操作，最终效果如图12-37所示。

图12-37

操作题要点提示

① 镜头需添加变形稳定器。

② 应用"轨道遮罩键"效果抠除窗户。

第 **13** 课

多机位剪辑

多机位拍摄是指使用两台或两台以上的摄像机，同时对场面进行多角度、多方位的拍摄。例如某些场景规模宏大，出场群众演员众多，场面调度复杂，为使拍摄一次成功，并提高拍摄效率，一般会采取多机位拍摄的方法。使用多机位拍摄时，会以其中1～2台摄像机为主，拍摄大远景或表现主角的场面，其余摄像机则作为辅助，拍摄该场面中的其他部分。

多机位拍摄技术及剪辑技术在影视制作中发挥着积极作用。本课主要讲解在Premiere Pro 2020中剪辑多机位拍摄素材的技巧和方法。

本课知识要点
- ◆ 认识多机位
- ◆ 多机位剪辑的流程

第1节　认识多机位

采用多机位拍摄可以一次性完成所有拍摄。一般而言，会使用两台摄像机拍摄主要演员的近景镜头，如图13-1和图13-2所示。

图13-1　　　　　　　　　　　　　　　　　　　　　　　　　　　　图13-2

还会在中间放置一台摄像机拍摄整个场景的主镜头，以交代整体环境，如图13-3所示。

图13-3

这样一来，只需要拍摄一条，无须中断演员的表演，就可以得到同一时间的多角度素材。对时效性要求很高的电视节目来说，这样可以节省后期剪辑的时间。

多机位拍摄在当前流行的短视频制作中也很有用：可以节约剪辑时间，为剪辑师提供多种素材；无须重新选择机位、反复布光，大大加快了拍摄进度；有利于演员表演，不需要重复表演相同内容。

第2节　多机位剪辑的流程

在剪辑多机位拍摄的素材时，首先要明确所有素材的同步点，通过同步点的设定，可以使不同时长的素材自动对齐内容。内容对齐后，执行一次剪辑操作以完成制作。

在Premiere Pro 2020中，对多机位拍摄的素材进行剪辑的操作流程如下。

图13-4

■ 1．将多机位拍摄的素材导入"项目"面板中，如图13-4所示。

■ 2．在"项目"面板中双击素材，在源窗口中显示素材，将画面停在合板的画面处，按快捷键M做标记，效果分别如图13-5到图13-8所示。由于拍摄角度的不同，可能会无法看到合板的画面，所以需要以合板的声音为参考做标记。在源窗口中，切换到音频波纹显示，在合板的声音处做标记，如图13-9所示。

图13-5

图13-6

图13-7

图13-8

■ 3．在"项目"面板中，框选多机位的所有素材，单击鼠标右键，执行"创建多机位源序列"命令，如图13-10所示。

■ 4．在"创建多机位源序列"对话框中的"同步点"下选择"剪辑标记"，如图13-11所示，选择此选项后，所有多机位素材会自动在标记点处对齐。在"项目"面板中，选中新生成的多机位源序列，单击鼠标右键，执行"从剪辑新建序列"命令，如图13-12所示，生成剪辑序列。

■ 5．在时间线中，按住Ctrl键的同时双击多机位源序列，设置如图13-13所示。

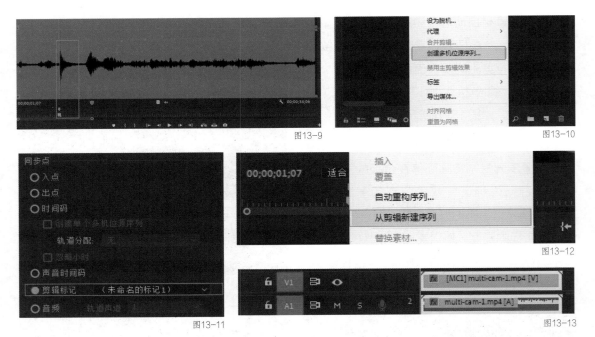

图13-9　　图13-10

图13-11　　图13-12

图13-13

■ 6. 进入多机位源序列内，查看视频素材的标记点处是否对齐。查看音频波纹，保留一条音频轨道，静音其他音频轨道，如图13-14所示。

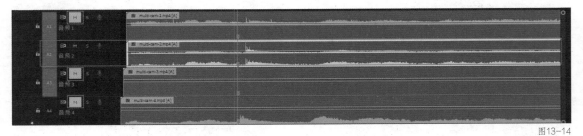

图13-14

提示 通过音频波纹可以看到，只有A2轨道的音频是立体声，左右声道均有音频波纹，因此保留A2轨道的声音，静音其他音频轨道的素材（或删除其他音频轨道的素材）。

■ 7. 回到剪辑序列，切换到节目窗口，在窗口右下角单击"按钮编辑器"按钮 ，在"按钮编辑器"面板中单击"切换多机位视图"按钮，将其拖曳到节目窗口的播放栏中，效果如图13-15所示。

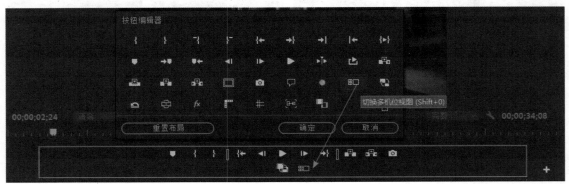

图13-15

■ 8. 单击"切换多机位视图"按钮后，节目窗口显示的效果如图13-16所示。

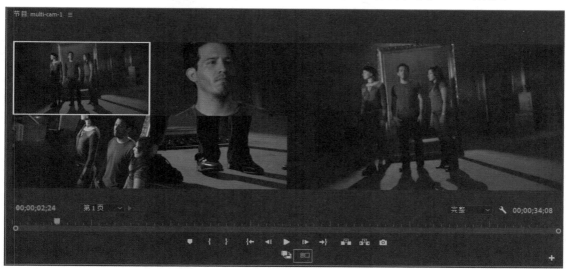

图13-16

■ 9. 切换到时间线中，按空格键播放，播放的同时按数字键 1、2、3、4，进行镜头切换，查看视频效果，如图13-17所示，至此初步的剪辑完成。

图13-17

提示 切换镜头快捷键1、2、3、4均为大键盘数字键。

■ 10. 删除穿帮的镜头。选中前期准备阶段的画面内容，按快捷键Delete删除，效果如图13-18所示。

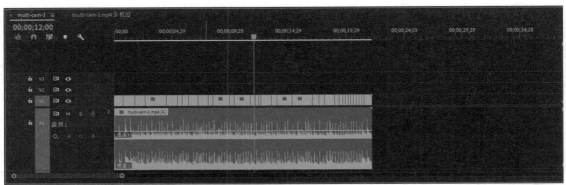

图13-18

■ 11. 更换画面内容。在时间线上，将播放头指针放在要更换画面的镜头上，在多机位窗口中，单击想要的画面，播放头指针所在位置的镜头就会换成刚刚选好的画面，效果如图13-19所示。

图13-19

■ 12. 修改编辑点位置。使用工具箱中的滚动编辑工具 ▦ 移动编辑点，如图13-20所示。

图13-20

■ 13. 修改完成后，单击"切换多机位视图"按钮，关闭多机位视图模式，效果如图13-21所示。

图13-21

至此多机位剪辑制作结束，最后渲染输出即可。

提示 选择多机位素材的同步点时，也可选择音频同步，这样每个素材就无须单独做标记了，Premiere Pro 2020会自动根据每个素材的音频波纹进行计算，将内容自动对齐，前提是要保证每个素材的收音正常，才能应用音频自动对齐。

本课练习题

1. 填空题

（1）多机位拍摄至少需要（　　　）个机位进行拍摄。

（2）多机位剪辑切换镜头的快捷键是（　　　）。

（3）拍摄采访对话通常需要（　　　）个机位。

（4）（　　　）序列内可以查看同步点标记。

（5）多机位剪辑时必须切换到（　　　）窗口中，才能应用多机位操作。

参考答案

（1）两；（2）大键盘数字键1、2、3、4等；（3）3；（4）多机位源；（5）多机位。

2. 操作题

运用提供的多机位剪辑素材，完成MV制作，最终效果如图13-22所示。

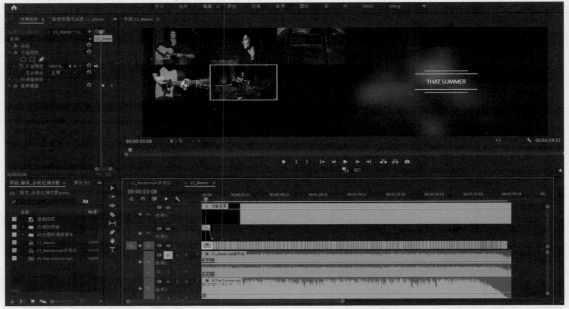

图13-22

操作题要点提示

① 当音乐内容和歌唱者嘴型不匹配时需要换成看不见脸部的画面。

② 应用文字预设制作片头字幕。

③ 统一色调。

第 **14** 课

视频效果

随着数据时代的发展，添加视频效果这一复杂的操作已得到了简化，更容易学习和理解。Premiere Pro 2020内置了多种效果，可以对视频、图像及音频等多种素材进行处理和加工，得到令人满意的媒体文件。

本课主要讲解Premiere Pro 2020中多种视频效果的添加和设置方法。

本课知识要点

◆ 认识"效果"面板

◆ 应用效果

◆ 保存预设效果

第1节　添加视频效果

添加视频效果的目的有多种，它们可以解决图像的质量问题，可以使用色度抠像技术处理视频画面，还可以为视频添加不同的风格。

本节主要讲解如何给素材添加视频效果，以及添加视频效果的多种方法。

知识点 1　认识"效果"面板

Premiere Pro 2020的"效果"面板由"预设""Lumetri预设""音频效果""音频过渡""视频效果"和"视频过渡"组成，如图14-1所示。

展开"视频效果"，可以看到17个类别，展开其中任意一类，可以看到多个视频效果，如图14-2所示。如果安装了第三方插件效果，可供选择的效果会更多。

在这些分类中，有一类是"过时"效果。这些效果已经有更新、更好的版本，但它们依旧被保留，如图14-3所示，使用它们可以确保与较老的项目文件相兼容。

图14-1　　　　　　　　　　图14-2　　　　　　　　　　图14-3

用户在使用效果时，"效果"面板中有太多的文件夹，查找不太容易，影响工作效率，下面介绍两种提高效率的方法。

1. 搜索效果

如果知道一个效果的名字或部分名字，可以在"效果"面板顶部的搜索框 中输入文字进行搜索。它会显示包含文字的所有效果，如图14-4所示。

2. 自定义常用效果

在"效果"面板中，单击面板底部的"新建自定义素材箱"按钮 。新的自定义素材箱出现在效果列表的底部，为其命名，如图14-5所示，可将常用效果放在这里。

展开"视频效果"，拖曳常用效果至"自定义效果"中，如图14-6所示。在"自定义效果"中可以随意添加或删除效果。

> **提示** 拖曳效果到"自定义效果"中，执行的是复制操作，原始文件夹中仍然保留此效果。用户可以使用"自定义效果"来创建效果分类，以适合工作需求。

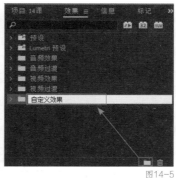

图14-4　　　　　　　　　　　　　图14-5　　　　　　　　　　　　　图14-6

知识点 2　应用效果

在"效果"面板中找到视频效果，在"效果控件"面板中可以对效果进行设置。下面通过案例讲解添加和修改视频效果的方法和流程。

■　1. 新建一个序列。双击"项目"面板，导入素材"01素材"，以素材大小新建序列，如图14-7所示。

图14-7

■　2. 找到效果。在"效果"面板中，选择"视频效果"文件夹中的"沉浸式视频"文件夹，找到"VR色差"效果，如图14-8所示。

■　3. 添加效果。选择"VR色差"效果，将其拖曳到时间线上，画面立即产生RGB（红绿蓝）分离效果，如图14-9所示。

图14-8　　　　　　　　　　　　　　　　　　　　　　　图14-9

■　4. 切换效果的开关状态。单击时间线上的素材，打开"效果控件"面板，如图14-10所示。在"效果控件"面板中，单击"VR色差"效果旁边的███按钮，此按钮用于切换"VR色差"效果的开关状态。

提示　切换开关状态可以快速对比素材使用效果前后的变化。

■ 5. 删除效果。选中素材，在"效果控件"面板中选择"VR色差"效果，按Delete键，即可将此效果删除。

■ 6. 添加方向模糊效果。选中素材，在"效果"面板中选择"视频效果"文件夹中的"模糊与锐化"文件夹，如图14-11所示，双击"方向模糊"效果，该效果将直接显示在"效果控件"面板中。

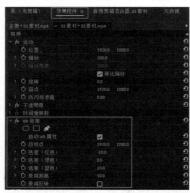
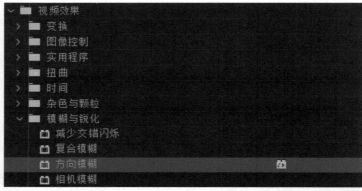

图14-10　　　　　　　　　　　　　　　　　　　　　　　　　　　　图14-11

提示　为素材添加效果的3种方法。
■ 选中效果，将效果拖曳到时间线上的素材中。
■ 选中素材，然后双击效果，该效果会自动出现在"效果控件"面板中。
■ 选中素材，将效果直接拖曳到"效果控件"面板中。

■ 7. 调整效果。在"效果控件"面板中，展开"方向模糊"效果的属性，将"方向"设置为"90°"，将"模糊长度"设置为"30"，如图14-12所示。此时，视频画面会产生模糊效果，如图14-13所示。动态模糊的效果已完成，可以删掉该效果，尝试其他的效果。

图14-12

提示　如果有多个素材需要同时添加配置好的效果，有3种方法可以实现。
■ 单个效果的处理方法。在"效果控件"面板中，选择一种效果，按快捷键Ctrl+C进行复制，分别选择其他素材，按快捷键Ctrl+V进行粘贴。
■ 多个效果的处理方法。在时间线上，选中某个素材，单击鼠标右键，执行"复制"命令，复制该素材的所有效果，再选中另一个素材，单击鼠标右键，执行"粘贴"命令，粘贴效果，如图14-14所示。

图14-13　　　　　　　　　　　　　　　　　　　　　图14-14

▌ 创建一种预设效果，保存带有设置的具体效果，以便后期使用。

知识点 3　保存预设效果

为了在执行重复任务时节省时间，用户可以创建常用的预设效果，一个预设效果可以存储多种效果，也可以保存关键帧动画。

所有的效果设置好后，在"效果控件"面板中，按住 Ctrl 键依次选择所有效果，单击鼠标右键，执行"保存预设"命令，如图14-15所示，弹出"保存预设"对话框。

在"保存预设"对话框中，将"名称"更改为"我的预设"，如图14-16所示，单击"确定"按钮，将效果和关键帧存储为一个新的预设。

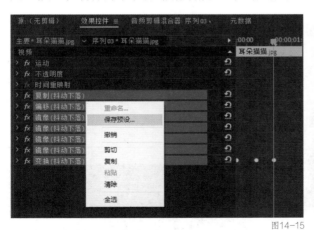

图14-15　　　　　　　　　　　　　　　　　　　　　图14-16

在图14-16中，"类型"下有3个选项，它们是用来控制关键帧动画的，下面分别讲解它们的含义。

▌ 缩放：预设中源关键帧按比例自动适配目标素材的长度。

▌ 定位到入点：保持第一个关键帧的位置不变，根据第一个关键帧的入点位置为剪辑添加其他关键帧。

▌ 定位到出点：保持最后一个关键帧的位置不变，根据第一个关键帧的出点位置为剪辑添加其他关键帧。

提示　默认情况下选择"缩放"即可。

在"效果"面板中，展开"预设"文件夹，第一个就是自定义的预设，如图14-17所示。

图14-17

第2节　综合案例——COCO宠物

本案例对时下热点短视频的入画、出画和转场效果进行了全面的解析，下面讲解本案例所用到的效果及操作流程，案例的最终工程如图14-18所示。

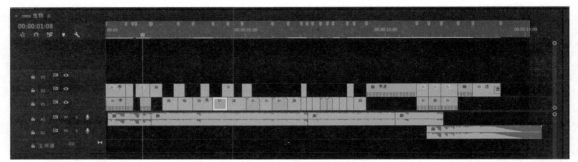

图14-18

知识点 1　弹性抖动下落

案例要求：弹性抖动下落效果如图14-19所示。

案例操作要点：（1）"视频效果-风格化-复制"；（2）"视频效果-扭曲-偏移"；（3）"视频效果-扭曲-镜像"；（4）"视频效果-扭曲-变换"；（5）"视频效果-沉浸式视频-VR色差"。

操作步骤

■ 1. 新建自定义序列，将素材导入到时间线上，如图14-20所示。

图14-19

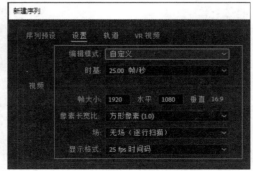

图14-20

■ 2. 在"效果"面板中，选择"视频效果"文件夹中的"风格化"文件夹（或直接搜索"复制"），将"复制"效果拖曳到素材上，节目窗口中的画面被分成4个，如图14-21所示。

■ 3. 在"效果"面板中，选择"视频效果"文件夹中的"扭曲"文件夹，将"偏移"效果拖曳到素材上，设置"偏移"效果的相关参数，如图14-22所示。

图14-21

图14-22

> **提示** 在设置参数时，将节目窗口中加菲猫的构图比例调整为居中，避免制作动画时穿帮。

■ 4. 在"效果"面板中，选择"视频效果"文件夹中的"扭曲"文件夹，将"镜像"效果拖曳到素材上，调整"镜像"效果的相关参数，如图14-23所示。此时节目窗口中加菲猫的右侧为镜像显示，更改"镜像"效果的名称为"镜像（右方）"。

■ 5. 为节目窗口中的画面分别依次添加"镜像"效果，并更改其名称。观察节目窗口中加菲猫的下方、左方、上方、的镜像显示效果，在图14-24中分别调整"镜像"效果的"反射中心"及"反射角度"的参数。

■ 6. 在"效果"面板中，选择"视频效果"文件夹中的"扭曲"文件夹，将"变换"效果拖曳到素材上，调整"变换"效果的相关参数，将"位置"的X轴设置为"1000"，将"缩放"设置为"180"，

图14-23

将"快门角度"设置为"360"，如图14-25所示。调节好参数后，将播放头指针拖曳到第1帧，启动位置码表，将"位置"设置为"1000""-55.5"，创建关键帧；然后将播放头指针向后移动5帧（快捷键为Shift+→），将"位置"设置为"1000""1050"，创建第2个关键帧；将播放头指针再次向后移动5帧，将"位置"设置为"1000""750"，创建第3个关键帧。

图14-24

图14-25

提示 在图14-25中设置的参数不是固定的，只是一个参考范围，制作者应根据实际操作去设置参数。

■ 7. 创建关键帧后，该关键帧的形状为菱形，如图14-25所示，需要调节关键帧的插值方式，避免动画生硬。框选所有关键帧，单击鼠标右键，执行"临时差值-缓入"命令，如图14-26所示。

■ 8. 此时关键帧的形态发生了改变，展开"位置"属性，当前贝塞尔曲线如图14-27所示，曲线更接近水平，初始速度较慢，在图14-27中，框选所有关键帧，选择曲线"手柄1"和"手柄2"，将它们向上移动，最终曲线效果如图14-28所示。

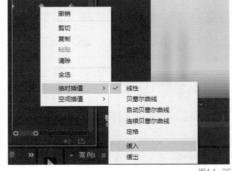

图14-26

图14-27

图14-28

提示 调整曲线手柄时，轻微移动即可。

■ 9. 效果和关键帧设置好后，在"效果控件"面板中，按Ctrl键，依次选择所有效果，单击鼠标右键，执行"保存预设"命令，在对话框中修改"名称"，如图14-29所示，单击"确定"按钮。新保存的预设效果存储在"效果"面板的"预设"文件夹内，如图14-30所示。

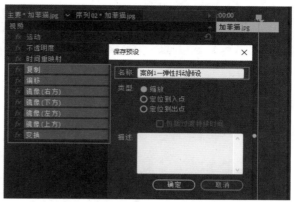

图14-29

提示 回顾第1节保存预设效果的知识点，保存后的预设效果是包含关键帧动画的。

■ 10. 抖动下落动画制作完成后，为了让画面效果看起来更炫酷，需要添加"VR色差"效果。在"项目"面板中，创建调整图层，导入素材"加菲猫"的上方，如图14-31所示。

图14-30

图14-31

■ 11. 在"效果"面板中，选择"视频效果"文件夹中的"沉浸式视频"文件夹，将"VR色差"拖曳到调整图层上，调整"VR色差"效果的相关属性参数，如图14-32所示，取消勾选"自动VR属性"复选框，"帧布局"调整为"立体-上/下"，将播放头指针拖曳到调整图层的初始位置，分别开启"色差（红色）""色差（绿色）"和"色差（蓝色）"码表，并设置参数为"0""0""0"，创建关键帧。

■ 12. 将播放头指针继续向后移动3帧，将"色差（红色）""色差(绿色)"和"色差（蓝色）"的参数分别设置为"50""-15""-50"，将播放头指针继续向后移动4帧，将"色差（红色）""色差（绿色）"和"色差（蓝色）"的参数设置

图14-32

为"15""-5""10"，将播放头指针继续向后移动到末端，分别设置参数为"0""0""0"，如图14-33所示。

■ 13. 将播放头指针拖曳到第1帧，开启"衰减反转"属性的码表，创建关键帧，将播放头指针向后移动1帧，勾选"衰减反转"复选框，继续向后移动1帧，取消勾选"衰减反转"复选框，依次类推，隔帧勾选，如图14-34所示，关键帧至调整图层的末端结束。

图14-33

图14-34

■ 14．画面最终效果如图14-35所示，弹性抖动下落动画制作完成，按空格键预览动画效果。

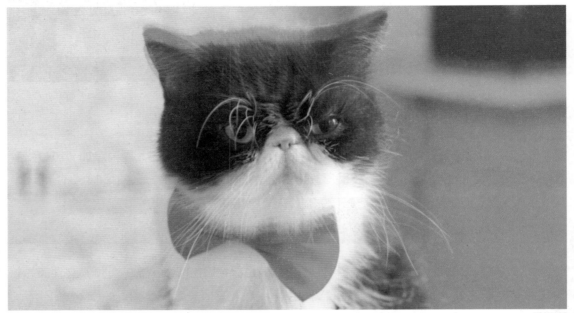
图14-35

知识点2 镜头卡点效果

案例要求： 在"综合案例——COCO宠物"工程中，有一处音乐节奏很快，需要用到镜头卡点技巧，如图14-36所示。

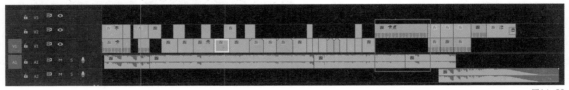
图14-36

案例操作要点： 本案例应用到了"变换"效果。

操作步骤

■ 1．听音乐，按快捷键M添加标记点，如图14-37所示。

■ 2．在"项目"面板中，框选所有的图片素材，将其拖曳到"自动匹配"按钮 ■■■ 上，如图14-38所示。

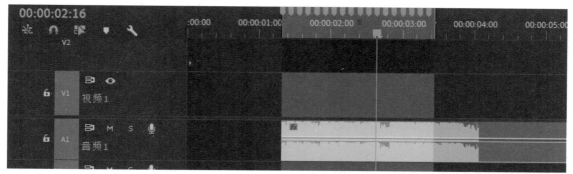

图14-37

■ 3. 弹出"序列自动化"对话框，设置如图14-39所示，单击"确定"按钮。

图14-38

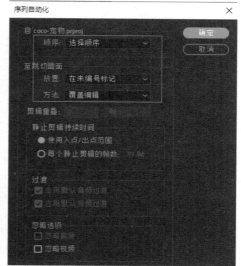

图14-39

■ 4. 镜头自动匹配完成，如图14-40所示，素材长度为3帧，需制作3帧动画，让卡点效果更高级、炫酷。

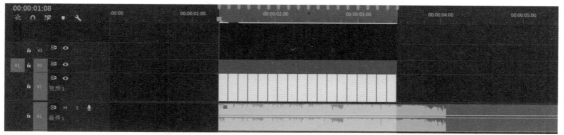

图14-40

■ 5. 在"效果"面板中，选择"视频效果"文件夹中的"扭曲"文件夹，将"变换"拖曳到任意素材上，调整"变换"效果的相关参数，将"缩放"属性的参数设置为"110"，"快门角度"属性的参数设置为"360"，将播放头指针拖曳到素材的初始位置，开启"位置"属性的码表，将"位置"属性的参数设置为"960""-32"，创建关键帧；向后移动1帧，将"位置"设置为"960""792"，创建第2个关键帧；再次向后移动1帧，将"位置"属性设置为"960""640"，创建第3个关键帧，如图14-41所示。

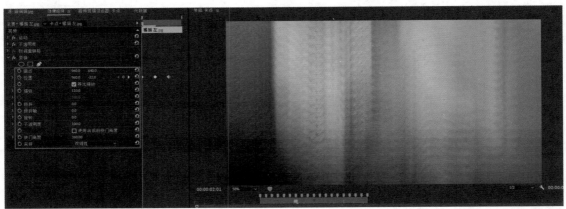

图14-41

■ 6．参数设置完成后，按快捷键Ctrl+C复制"变换"效果，分别粘贴给其他素材，卡点效果制作完成。

提示　本案例中，每个动画仅为3帧，人眼识别不出穿帮点，只需要添加"变换"效果即可，这样可以节省时间，提高工作效率。

知识点3　旋转扭曲转场

案例要求： 镜头切换时，添加"旋转扭曲"效果使视频更加炫酷，如图14-42所示。

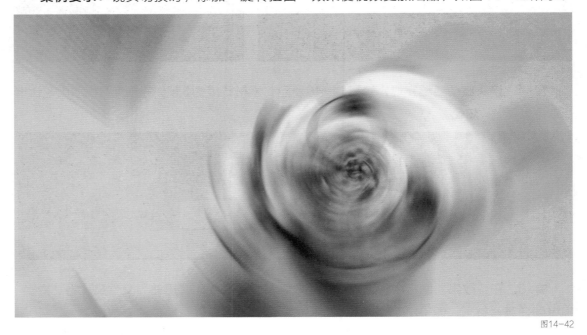

图14-42

案例操作要点： 本案例应用了"变换"效果和"镜头扭曲"效果。

操作步骤

■ 1. 导入两张图片到时间线上，如图14-43所示。

■ 2. 为素材"法斗（2）"添加知识点1中保存好的预设效果，在"效果"面板中，展开"预设"文件夹，如图14-44所示，将"案例1弹性抖动预设"效果拖曳到素材上。

图14-43　　　　　　　　　　　　　　　　　　图14-44

■ 3. 在"效果控件"面板中，展开"变换"效果，将播放头指针拖曳到第3个关键帧，指针向后移动10帧(快捷键为Shift+→→)，同时开启"缩放"和"旋转"的码表，创建关键帧，如图14-45所示。

图14-45

■ 4. 将播放头指针继续向后移动5帧，将"缩放"的参数设置为"400"，"旋转"的参数设置为"150°"，如图14-46所示。

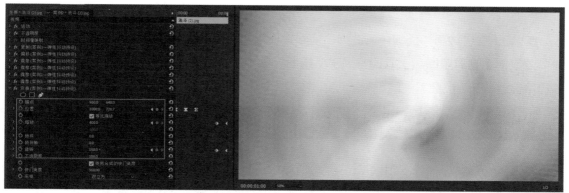

图14-46

■ 5. 调整旋转关键帧的插值方式，框选旋转关键帧，单击鼠标右键执行"自动贝塞尔曲线"命令，如图14-47所示，此时关键帧形态为圆形，它又被称为"平滑关键帧"，如图14-48所示。

图14-47　　　　　　　　　　　　　　　　　　　　　　　图14-48

■ 6. 为素材"喵喵"添加"变换"效果，调整"变换"效果的相关参数，将播放头指针拖曳到素材的初始位置，打开"缩放"和"旋转"的码表，将"缩放"设置为"400"，"旋转"设置为"150°"，创建关键帧，如图14-49所示。

■ 7. 将播放头指针向后移动5帧，将"缩放"设置为"100"，"旋转"设置为"360°"，如图14-50所示，按空格键预览画面效果。

图14-49　　　　　　　　　　　　　　　　　　　　　　　图14-50

■ 8. 调整"旋转"的关键帧的插值方式为"自动贝塞尔曲线"。

■ 9. 新建调整图层，将其拖曳到时间线上，制作转场效果，如图14-51所示。

■ 10. 在"效果"面板中，选择"视频效果"文件夹中的"扭曲"文件夹，将"镜头扭曲"效果拖曳到调整图层上，调整"镜头扭曲"的相关参数，将播放头指针拖曳到调整图层的初始位置，开启"曲率"的码表，设置数值为"0"，如图14-52所示。

图14-51　　　　　　　　　　　　　　　　　　　　　　　图14-52

■ 11. 将播放头指针拖曳到图14-53所示位置，将"曲率"设置为"-100"。

图14-53

■ 12. 将播放头指针拖曳到调整图层的末端，将"曲率"设置为"0"，如图14-54所示。

操作步骤

■ 1. 导入素材到V1轨道上，按Alt键复制素材到V2轨道上，重命名为"动画狗狗"，如图14-57所示。

图14-57

■ 2. 选择素材"动画狗狗"，为其添加"变换"效果，调整"变换"效果的相关参数，将"位置"属性中的Y轴设置为"785"，调整素材的大小比例，将播放头指针拖曳到第1帧，开启"位置"属性、"缩放"属性和"不透明度"属性的码表，创建关键帧；将播放头指针向后移动10帧，将"位置"设置为"844""824"，"缩放"设置为"150"，"不透明度"设置为"0"，创建第2个关键帧，如图14-58所示。

■ 3. 在"效果"面板中，选择"视频效果"文件夹中的"沉浸式视频"文件夹，将"VR色差"拖曳到素材中，调整其相关参数，将播放头指针拖曳到第1帧，分别开启"色差（红色）""色差（绿色）""色差（蓝色）"的码表，将"色差（蓝色）"设置为"0"。将播放头指针向后移动10帧，将"色差（红色）"设置为"-10"，"色差（蓝色）"设置为"10"，如图14-59所示。

图14-58

图14-59

知识点5　镜头缩放转场

案例要求： 镜头切换时，使用"缩放转场"效果使画面中的视觉冲击力更强，如图14-60所示。

案例操作要点： 本案例应用了"变换"效果。

操作步骤

■ 1. 将素材导入时间线上，选择素材"猫"，添加"变换"效果，调整相关参数，将播放头指针拖曳到第1帧，打开"缩放"属性的码表，将"缩放"设置为"500"，将播放头指

图14-60

针向后移动2帧，将"缩放"设置为"150"，将播放头指针再次向后移动2帧，将"缩放"设置为"100"，入场缩放动画制作完成，如图14-61所示。

■ 2. 在"效果控件"面板中，将播放头指针向后移动5帧，单击"添加/移除关键帧"

按钮，添加空帧，如图14-62所示。

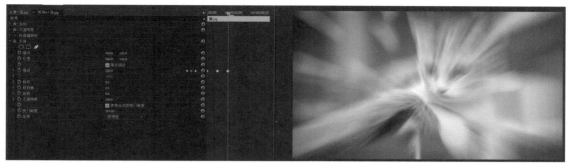

图14-61

图14-62

■ 3. 将播放头指针继续向后移动2帧，将"缩放"设置为"500"，如图14-63所示，出场动画制作完成。

图14-63

■ 4. 选择"变换"效果，按快捷键Ctrl+C复制"变换"效果，按快捷键Ctrl+V粘贴给素材"斗牛"，动画效果制作完成，如图14-64所示。

图14-64

提示　案例中设置的参数不是固定的，仅供参考。

本课练习题

1. 简答题

（1）如何将多种效果保存到一个自定义预设中？

（2）如何为序列素材添加视频效果？

（3）播放头指针逐帧移动、向后移动5帧，向后移动10帧的快捷键分别是什么？

参考答案

（1）打开"效果控件"面板，按住Ctrl键单击多个效果，选择效果后，单击鼠标右键执行"保存预设"命令。

（2）有3种方法：（a）将效果拖曳到素材上；（b）选择剪辑素材，在"效果"面板中双击效果；（c）选择素材，单击"效果控件"面板，将效果拖曳到"效果控件"面板中。

（3）快捷键分别是→、Shift+→、Shift+→→。

2. 操作题

运用本课的案例素材，配合提供的音乐，完成综合案例中至少两个知识点的练习，效果如图14-65所示。

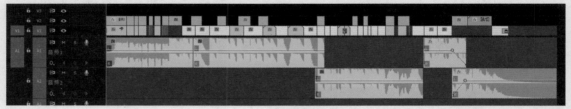

图14-65

第 **15** 课

视、音频无缝转场

在进行剪辑工作的过程中，需要为视频及音频添加转场效果。Premiere Pro 2020提供了多种预设好的转场效果，样式丰富、操作简单方便，使用这些效果可以快速为视频及音频添加转场效果。

本课主要讲解在Premiere Pro 2020为视频和音频添加转场效果的方法。

本课知识要点

◆ 认识转场

◆ 转场插件的应用

◆ 音频常用转场

第1节 视频常用转场

将镜头剪辑在一起就形成了视频，而段落与段落、场景与场景之间的过渡，称为"转场"。

知识点 1 认识转场

"效果"面板中的视频过渡包含了8类转场效果，每类转场效果都整理在不同的文件夹内。下面主要针对常用转场效果进行讲解。

▍ 交叉溶解是指前一个画面与后一个画面相互叠加，两个镜头在缓入缓出的过程中有重叠的效果，常用于表示时间流逝、刻画人物内心情绪，解决画面跳跃的问题。

▍ 黑场过渡是指一个画面从逐渐透明直到完全不显示，下一个画面从逐渐清晰直到完全显示，常用于区分段落。

▍ 白场过渡（闪白）是指一个画面从逐渐显示直到变为纯白色，再逐渐透明显示下一个画面，常用于强调抒情、回忆等情绪，可以配合重音模拟相机胶片曝光的效果。

下面主要讲解添加转场的方法。

在"效果"面板中，选择"视频过渡"文件夹中的"溶解"文件夹，然后将"交叉溶解"效果拖曳到画面衔接处，快捷键为Ctrl+D，如图15-1所示。

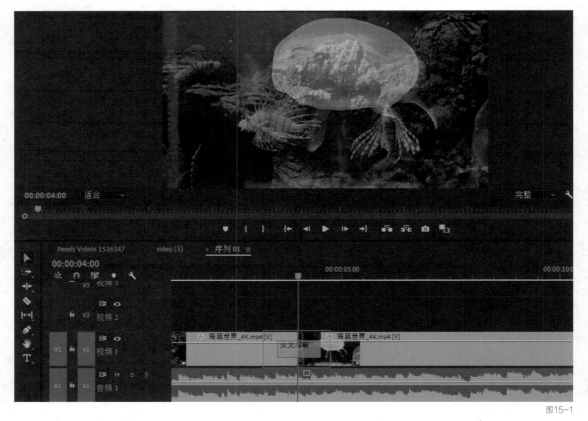

图15-1

转场时间默认为1秒，可以根据需要调整转场的时长，下面讲解设置转场时间的两种方法。

▌ 选中转场效果，在"效果控件"面板中修改持续时间，如图15-2所示。

▌ 双击转场效果，在弹出的"设置过渡持续时间"对话框中输入数值即可，如图15-3所示。

图15-2

图15-3

知识点 2 转场插件的应用

转场插件FilmImpact Transition Pack，不仅操作简单，而且样式丰富，非常实用。

转场插件安装完成后，在"效果"面板中，选择"视频过渡"文件夹中的"FilmImpact.net TP1"文件夹，如图15-4所示，将"Impact Blur Dissolve"效果拖曳到画面衔接处，如图15-5所示。

在"效果控件"面板中可以直接调整持续时间，还可以调节"Blur"属性的参数，控制模糊程度，如图15-6所示。

图15-4

图15-5

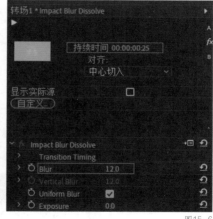

图15-6

提示 拖曳其他转场到同一位置时会覆盖之前的转场，转场只能添加一个。

第2节 音频常用转场

一个好的视频离不开一段好的背景音乐。音频可以起到渲染气氛的作用，添加多个音频后，会出现声音大小不一致、音频与音频之间衔接生硬等问题，此时就需要在两段音频之间加入音频过渡转场。

音频过渡转场主要有"恒定功率""恒定增益""指数淡化"这3种过滤效果。使用"恒定功率"产生的效果更符合人耳的听觉感受，而使用"恒定增益""指数淡化"这两种过滤效果会使声音缺乏变化、显得很机械化。

在"效果"面板中，选择"音频过渡"文件夹中的"交叉淡化"文件夹，然后将"恒定功率"效果拖曳到音频衔接处，快捷键为Ctrl+Shift+D，以解决音频过渡生硬的问题，如图15-7所示。

图15-7

在"效果控件"面板中设置持续时间，以调整转场的时长，如图15-8所示，或者直接拖曳音频转场的长度，如图15-9所示。

图15-8

图15-9

第3节 综合案例——添加转场效果

案例要求： 用视频素材配合音频剪辑一条影片，通过添加一些转场效果，让画面实现无缝衔接，视频更加流畅。

案例操作要点：（1）添加视频过渡转场，（2）利用调整图层添加"扭曲""变换"等效果，制作转场效果。

操作步骤

■ 1. 剪辑好一段影片后，在"项目"面板中单击"新建项"按钮，选择"调整图层"选项，如图15-10所示，调整图层会自动与当前序列设置相匹配，将调整图层拖曳到时间线上，如图15-11所示。

图15-10

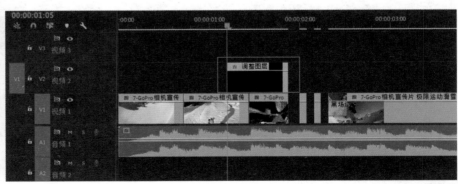

图15-11

■ 2. 在"效果"面板中，选择"视频效果"文件夹中的"扭曲"文件夹，将"镜头扭曲"效果添加到调整图层上，如图15-12所示。

3. 在"效果控件"面板中，设置"曲率"属性的关键帧动画。开启"曲率"属性的码表，将播放头指针向后移动几帧，将"曲率"设置为"-100"；将播放头指针再次向后移动几帧，将"曲率"设置为"0"，如图15-13所示，"镜头扭曲"效果的关键帧动画制作完毕。

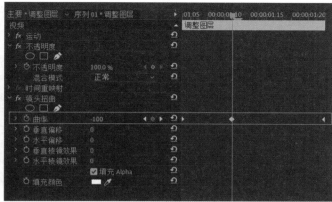

图15-12

图15-13

4. 在图15-14中可以看到关键帧的形状是菱形，说明动画轨迹是匀速的。可以将动画设置为变速，方法如下：框选所有关键帧，单击鼠标右键，执行"缓入"命令，如图15-14所示，这时关键帧形状会发生变化；再次单击鼠标右键，执行"缓出"命令，如图15-15所示，画面效果如图15-16所示。

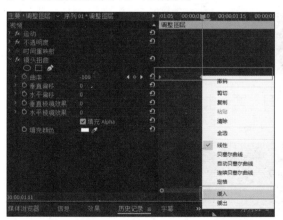

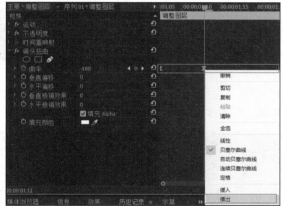

图15-14

图15-15

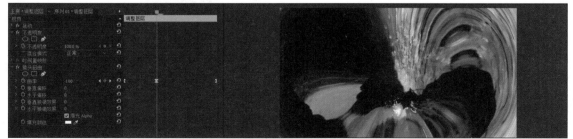

图15-16

提示 变速关键帧可以使动画更流畅，且不是单一匀速的。

■ 5. 选中制作好的调整图层，按住Alt键拖曳复制该图层，然后将这些复制得到的图层放在相应的位置上，如图15-17所示。

■ 6. 在"效果"面板中，选择"视频过渡"文件夹中的"FilmImpact.net TP2"文件夹，如图15-18所示，然后将"Impact Zoom Blur"效果直接拖曳到画面衔接处，转场效果如图15-19所示。

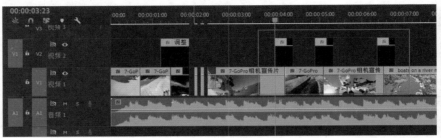

图15-17　　　　　　图15-18

图15-19

■ 7. 继续制作不同的转场效果。在"项目"面板中，将调整图层拖曳到时间线上，如图15-20所示。

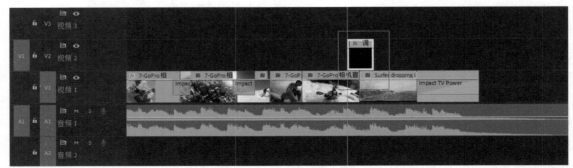

图15-20

■ 8. 在"效果"面板中，选择"视频效果"文件夹中的"扭曲"文件夹，如图15-21所示，将"变换"效果添加到调整图层上。在"效果控件"面板中，将"缩放"设置为"50"，如图15-22所示，画面效果如图15-23所示。

■ 9. 在图15-23中可以看到画面四周留有黑边，需要让画面把黑边的位置填满。在"效果"面板中，选择"视频效果"文件夹中的"扭曲"文件夹，如图15-24所示，将"镜像"效果添加到调整图层上。

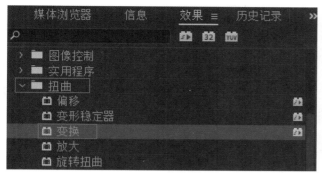

图15-21　　　　　　　　　　　　　　　　　　图15-22

图15-23　　　　　　　　　　　　　　　　　　图15-24

■ 10．在"效果控件"面板中，将"反射中心"设置为"480""540"，将"反射角度"设置为"-180°"，如图15-25所示，画面效果如图15-26所示。

图15-25　　　　　　　　　　　　　　　　　　图15-26

■ 11．在"效果"面板中，继续将"镜像"效果添加到调整图层上。重复3次操作，分别设置"反射中心"和"反射角度"，如图15-27所示，在节目窗口中预览效果，如图15-28所示。

■ 12．在"效果"面板中，选择"视频效果"文件夹中的"扭曲"文件夹，将"变换"效果添加到调整图层上。在"效果控件"面板中，将"缩放"设置为"200"。开启"旋转"属性的码表，将播放头指针向后移动几帧，将"旋转"设置为"0°"；将播放头指针再次向后移动几帧，将"旋转"设置为"360°"，如图15-29所示。框选所有关键帧，单击鼠标右键，分别执行"缓入"和"缓出"命令，旋转动画制作完成。

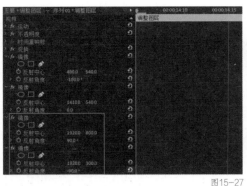

图15-27

图15-28

■ 13. 将"快门角度"设置为"260",取消勾选"使用合成的快门角度"复选框,如图15-30所示。

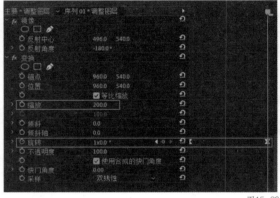

图15-29

图15-30

■ 14. 预览视频效果,最后按快捷键Ctrl+M渲染输出完整视频,如图15-31所示。

图15-31

本课练习题

1. 选择题

（1）制作"镜头扭曲"效果主要需要调整的属性是（　　）。

A. 垂直　　　　　B. 水平

C. 镜像　　　　　D. 曲率

（2）交叉溶解的快捷键是（　　）。

A. Ctrl+C　　　　B. Ctrl+D

C. Ctrl+Shift+C　D. Ctrl+Shift+D

参考答案

（1）D；（2）B。

2. 操作题

根据本课的参考案例，制作转场效果，如图15-32所示。

图15-32

操作题要点提示

① 添加视频过渡转场。

② 使用调整图层添加"变换""镜像"效果。

第 **16** 课

调音——降噪、修复、添加效果

调音是Premiere Pro 2020的一项很重要的功能，在Premiere Pro 2020中不仅可以改变音频的音量大小，还可以对音频进行降噪、修复、混音，以及添加各种音频效果，以模拟出不同的声音质感，从而起到渲染情绪、烘托气氛等作用。

本课主要讲解音频的基础操作，例如调节音频的音量大小，对音频进行降噪、变调和添加效果等。

本课知识要点

◆ 认识音频的效果控件

◆ 音频的降噪的流程

◆ 音频的淡入淡出

◆ "基本声音"面板

第1节 音频使用的基本流程

在Premiere Pro 2020中"效果控件"面板是记录视频基本属性的面板，同样也是记录音频属性的面板，本节主要讲解"效果控件"面板中音频属性的设置方法。

知识点 1 认识音频的效果控件

在时间线上选中音频，在"效果控件"面板中调节音频的相关参数，对音频进行调整，如图16-1所示。

图16-1

▌"旁路"用于启用或关闭音频效果，勾选该复选框，音频效果将被关闭，这个功能多用于做效果前后对比。

▌"级别"用于调节音频的分贝值，控制音量的大小。

▌"声道音量"用于分别调节左右声道的音量大小。

▌"声像器"用于调节音频素材的声像位置，去除混响声。

知识点 2 音频效果控件的使用

下面讲解音量的调整方法。

在"效果控件"面板中，单击"级别"旁的 ✓ 按钮可以打开"级别"的参数调节轴。

按住调节按钮左右拖曳以调节音量大小，或直接单击参数，使参数变成可输入模式，从而输入数字调节音量大小，如图16-2所示。

图16-2

在时间线的音频素材上拖曳音量调节轴，可整体调节该音频的音量大小，如图16-3所示。

图16-3

在时间线上，使用鼠标右键单击音频的左上角的fx按钮，打开音频的效果控件，通过拖动调节轴来控制该音频的音量、声道音量和声像器，如图16-4所示。

图16-4

第2节　音频的降噪流程

在Premiere Pro 2020中，调节音频最常用的操作之一就是对声音进行降噪处理，本节主要讲解音频降噪的操作方法。

知识点 1　消除咔嗒声

"自动咔嗒声移除"效果可以对前期收录音频时产生的咔嗒声进行消除。在"效果"面板中选择"音频效果"文件夹中的"自动咔嗒声移除"选项，可以添加"自动咔嗒声移除"效果。也可以在"效果"面板的搜索框中输入"自动咔嗒声移除"来找到该效果，如图16-5所示。

图16-5

知识点 2　降噪

"降噪"效果可以自动消除音频的噪声。在"效果"面板中，选择"音频效果"文件夹中的"过时的音频效果"子文件夹，可以找到"降噪"选项，如图16-6所示。

在"降噪"选项上双击，系统会自动给音频添加一个"降噪"效果，"编辑"按钮，可以自动弹出"剪辑效果编辑器-降噪"对话框。在"预设"下拉列表框中选择"弱降噪"或"强降噪"，配合调整降噪的数量，从而进行更精确的音频降噪调整，如图16-7所示。

图16-6

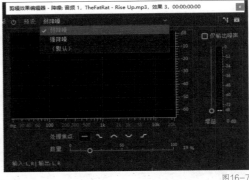

图16-7

知识点 3　消除嗡嗡声

消除嗡嗡声可以消除前期收录音频时产生的嗡嗡声。在"效果"面板中，选择"音频效果"文件夹中的"消除嗡嗡声"选项，如图16-8所示，为音频添加"消除嗡嗡声"效果。

在"效果控件"面板中，单击"消除嗡嗡声"效果下的"编辑"按钮可以自动打开"消除嗡嗡声"效果的"剪辑效果编辑器：消除嗡嗡声"对话框。在剪辑效果编辑器中打开"预设"下拉列表框，可以调出详细选项，可根据需要进行设置，如图16-9所示。

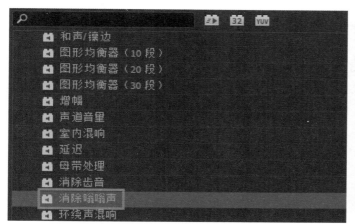

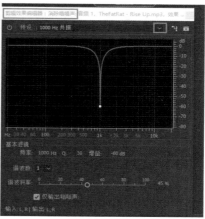

图16-8 图16-9

第3节 音频的淡入淡出

在很多的电影、广告、纪录片和宣传片中都会应用淡入淡出效果制作音频。淡入效果一般用于音频的开始，音频的音量随着播放逐渐增大；淡出效果一般用于段落结束或影片结束时，随着音频的结束，音量逐渐降低直至消失。

选中音频素材，在音频素材的fx按钮上单击鼠标右键，执行"音量"命令，如图16-10所示。

图16-10

按住Ctrl键，再在音频的音量线上单击，音量线上会出现一个关键帧，如图16-11所示。

在素材开始位置添加一个关键帧，按住关键帧向下拖曳关键帧至最低点，即可完成淡入效果。按住第二个关键帧拖曳可以控制淡入的时间长度，如图16-12所示。此时，按空格键播放，即可听到添加了淡入效果的音频。

图16-11 图16-12

按照上述方法，为音频添加淡出效果，如图16-13所示。

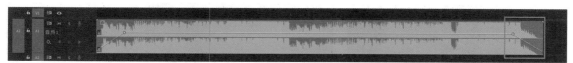

图16-13

第4节　音频效果与"基本声音"面板

　　Premiere Pro 2020的"音频效果"文件夹中有60余种音频效果，每一种音频效果都能产生独特的声音，每种效果的属性很多，建议使用效果时可以仔细调节每个参数从而感受每个效果产生的独特效果。本节主要讲解常用的音频效果，以及预设音频效果的使用方法。

知识点 1　音频效果

　　常用的音频效果有以下几种。

1. 人声增强

　　在前期收录人声时，如果因为其他因素使音频素材中的人声大小不一，或者不能突出主角，这时候我们可以用"人声增强"效果使音频素材更加偏向于人声，从而突出音频的特点。选中音频素材，在"效果"面板中选择"音频效果"文件夹中的"人声增强"选项，如图16-14所示。

　　单击"人声增强"效果中的"编辑"按钮可以打开"剪辑效果编辑器：人声增强"对话框，如图16-15所示。在剪辑效果编辑器中，单击"切换到声道映射编辑器"按钮，调整参数，如图16-16所示。

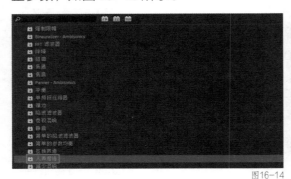

图16-14

图16-15

2. 模拟延迟

　　在后期制作中如果想给音频素材增加一种缓慢回声效果，那么可以给音频素材添加"模拟延迟"效果，选中音频素材，在"效果"面板中双击"音频效果"文件夹中的"模拟延迟"选项，如图16-17所示。单击"模拟延迟"效果下的"编辑"按钮，会自动弹出"剪辑效果编辑器：模拟延迟"对话框，在这里可选择"预设"下拉列表框中选择各种延迟效果，如图16-18所示。

图16-16

图16-17

3. 多功能延迟

"多功能延迟"效果比"模拟延迟"效果的效果控件更多，"模拟延迟"效果可以很快制作出比较缓慢的延迟效果，如果想要精确地控制延迟效果，可以使用"多功能延迟"效果，其属性如图16-19所示。

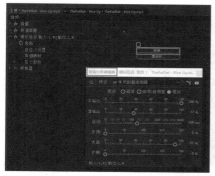

图16-18

图16-19

下面是其常用属性的简要说明。

▌ 延迟：控制音频播放时的声音延迟时间。

▌ 反馈：通过调整参数的变量从而设置回声时间。

▌ 级别：设置回声的强弱。

▌ 旁路：启用/停用音频特效。

▌ 混合：控制回声和原音频素材的混合度。

知识点 2 "基本声音"面板

为了方便快速地调节音频效果，Premiere Pro 2020提供了"基本声音"面板，内设了一些简单的控件。在这里可快速统一音量级别、修复声音、提高清晰度，以及添加特殊效果等，引导编辑人员完成对话、音乐、声音效果，以及环境等音频内容制作过程中的标准混合任务，从而使视频项目的音频效果达到专业音频工程师混音的效果。

启动"基本声音"面板，选择Premiere Pro 2020预设面板中的音频模式，如图16-20所示。

图16-20

Premiere Pro 2020将音频剪辑分为"对话""音乐""SFX"和"环境"4类，下面分别讲解这4种类型的应用效果。

1. 对话

主要对人声进行设置，为制作者提供了多组参数，例如，将不同的音频素材统一为常见响度、降低背景噪声等。可直接应用预设效果，如图16-21所示。选择好预设效果后，"效果控件"面板会自动添加匹配效果的各项属性，如图16-22所示。

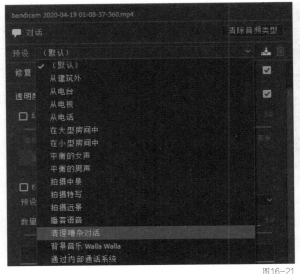
图16-21

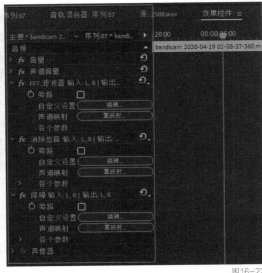
图16-22

想要有多个音频素材同时添加预设，可框选所音频，单击"对话"按钮，选择预设效果并同时应用预设效果。

无论选择哪种预设效果，所有音频素材的响度默认自动匹配，如图16-23所示。

图16-23

2. 音乐

主要是针对背景音乐进行调节。需要先单击"清除音频类型"按钮，如图16-24所示，切换到原始界面，然后选择"音乐"选项，如图16-25所示。

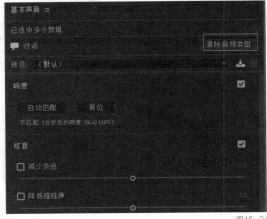
图16-24

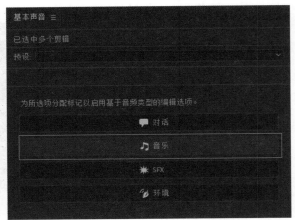
图16-25

音乐的预设效果设置如图16-26所示。

想要手动调节音频的变速效果，可勾选"持续时间"复选框，如图16-27所示。

图16-26

图16-27

3．SFX

Premiere Pro 2020可以为音频创建伪声效果。SFX 可帮助观众形成某些幻觉，比如音乐源自工作室场地、房间环境或具有适当反射和混响的场地中的特定位置，其预设设置如图16-28所示。

4．环境

环境音的属性设置同前几种的属性设置类似，部分中和了音乐和SFX的功能，如图16-29所示。

在"基本声音"面板中常用到调节音频的类型是"对话"，可以在"对话"的"预设"下拉列表框中选择不同的音效预设效果。

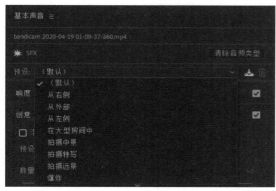

图16-28

图16-29

提示 "基本声音"面板中的音频类型是互斥的，也就是说，为某个剪辑选择一个音频类型，则会还原先前使用另一个音频类型对该剪辑所做的更改。

本课练习题

操作题

（1）用音量效果给音乐做立体环绕效果。

（2）拍摄一段带噪声素材，尝试使用对应效果给音频降噪。

（3）用淡入淡出的效果给两轨音频素材做音频叠化。

第 **17** 课

调色

在影视后期制作中，影片的颜色校正与调整非常重要。 颜色校正能够弥补由于设备或环境等问题导致的颜色瑕疵，颜色调整可以为影片创造出不同的风格、丰富影片色彩等。本课主要讲解校色及调色的原理、调色常用到的工具，以及快速调色的流程。

本课知识要点
◆ 色彩的基本属性
◆ 颜色校正
◆ 调色流程

第1节 色彩的基本属性

色彩是光刺激眼睛，再传到大脑，从而引起视觉中枢产生的一种感觉。不同波长的光波刺激人眼，使人眼能够感受到不同的色彩信息。

下面讲解色彩信息中的3个基本属性。

1. 色相

色相是指色彩的相貌，如大红、普蓝、柠檬黄等。色相是色彩的首要特征，是区别各种不同色彩的标准，如图17-1所示，红色衣服变成蓝色衣服，其本质就是色相的改变。

2. 饱和度

饱和度是指色彩的鲜艳程度，也称色彩的纯度。饱和度取决于该颜色含色成分和消色成分（灰色）的比例。含色成分越高，饱和度越高；消色成分越高，饱和度越低。纯的颜色都是高度饱和的，如鲜红、鲜绿，完全不饱和的颜色根本没有色调，如图17-2所示。

图17-1

图17-2

3. 明度

明度是眼睛对光源和物体表面的明暗程度的感觉，是由光线强弱决定的一种视觉体验。一般来说，光线越强，物体看上去越亮；光线越弱，物体看上去越暗，如图17-3所示。

色彩的3个基本属性相互依存、相互制约。无论在哪款软件中进行调色，都是根据色彩的3个基本属性进行调整的。只有充分掌握了色彩的3个基本属性，才能更有效率地进行调色。

图17-3

第2节 颜色校正

在后期制作中，颜色校正包括调整图像的色相（颜色或色度）和明亮度（亮度和对比度）。调整视频素材中的颜色和明亮度可营造氛围、消除素材中的色偏、校正过暗或过亮的画面、强调或弱化素材中的细节，以及使不同场景之间的颜色匹配。

知识点1 认识 Lumetri 范围

在 Premiere Pro 2020中提供了"Lumetri 范围"面板，在面板内可以显示矢量示波器、直方图、分量和波形。这些辅助校色图形可帮助用户准确地评估视频素材的色调并进行颜色校正。

下面讲解常用的3个辅助校色图形。

1．矢量示波器

矢量示波器用于查看视频的色度信息，同时也可查看视频的饱和度，并且提供饱和度的安全范围。在"Lumetri 范围"面板中单击鼠标右键，执行"矢量示波器YUV"命令，效果如图17-4所示，红框的范围内为饱和度的安全范围，十字中心的密集点为画面颜色信息的分布区域，颜色信息超出红框，说明画面的饱和度过高。这是用来检测饱和度的安全范围的重要手段，同时也可查看颜色信息的偏向，当前画面偏蓝色。

图17-4

2．分量

分量可以显示数字视频信号中的明亮度和色差通道级别的波形，在RGB、YUV分量类型中可以选择分量。

调整颜色和明亮度时，可以使用 YUV 分量范围。比较红色、绿色和蓝色通道之间的关系，可以使用 RGB 分量示波器，它显示代表红色、绿色和蓝色通道级别的波形。在"Lumetri 范围"面板中单击鼠标右键，执行"分量（RGB）"命令，效果如图17-5所示。

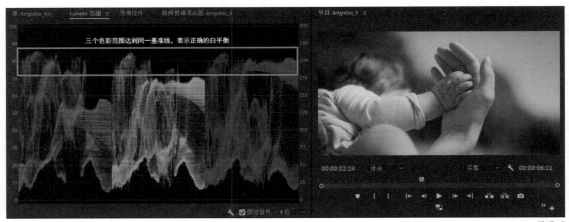

图17-5

> **提示** 白平衡，从字面上理解是指白色的平衡。它是描述显示器中红、绿、蓝三基色混合后，白色的精确度的一项指标。通过校正白平衡可以还原视频的真实色彩。

3．波形

可以从下列可用的波形范围中进行选择。

▍ RGB 波形：显示被覆盖的 RGB 信号，以提供所有颜色通道的信号级别的快照视图。

▍ 亮度波形：显示介于 -20 到 120 之间的 IRE 值，可让用户有效地分析画面亮度并测量对比度比率。

▍ YC 波形：显示视频素材中的明亮度（在波形中表示为绿色）和色度（在波形中表示为蓝色）值。

▍ YC 无色度波形：仅显示视频素材中的明亮度值。

在以上波形中，亮度波形为常用波形，在"Lumetri 范围"面板中单击鼠标右键，执行"波形类型-亮度"命令，效果如图17-6所示。

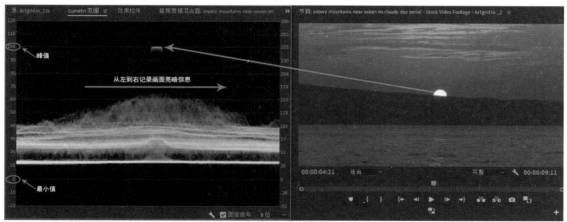

图17-6

> **提示** IRE是一个在视频测量中的单位，用于测量视频信号电平，以创造这个单位的组织——无线电工程学会（Instituta of Radio Engineers）来命名。

IRE把视频信号的有效部分，视频安全黑色到视频安全白色之间平分成100份，定义为100个IRE单位，即0IRE ～ 100IRE。波形接近0IRE，代表画面暗部过暗无细节；波形接近100IRE，代表画面亮部过曝无细节。

如果波形在20IRE ～ 80IRE，说明画面偏灰需要增加对比度。

知识点 2 常用的内置校色工具

通过以上对"Lumetri范围"面板的讲解，制作者可以有效查看视频的色相、饱和度、亮度范围，从而对视频进行校色处理，还原视频正常的颜色。

下面讲解 Premiere Pro 2020 常用的 4 个内置校色工具。

1. 亮度与对比度

亮度与对比度分别控制画面的亮部信息和亮暗对比强度。

在"效果"面板中，选择"视频效果"文件夹中的"颜色校正"文件夹中的"亮度与对比度"选项，设置效果前后对比如图 17-7 所示。

图17-7

2. RGB曲线

RGB 曲线用于调整亮度和色调范围。主曲线控制亮度，线条的右上角区域代表高光，左下角区域代表阴影。

调整主曲线的同时会调整所有 3 个 RGB 通道的值。制作者还可以选择性地仅针对红色、绿色或蓝色通道中的一个进行调整。要调整不同的色调区域，请直接向曲线添加控制点。在曲线上直接单击控制点，然后拖曳控制点来调整色调区域。向上或向下拖动控制点，可以使要调整的色调区域变亮或变暗。向左或向右拖动控制点可增加或减小对比度。

在"效果"面板中，选择"视频效果"文件夹中的"过时"文件夹中的"RGB曲线"选项，设置效果前后对比如图 17-8 所示。

图17-8

3. 快速颜色校正器

快速颜色校正器可针对偏色的素材进行色相平衡的校正，在"效果"面板中，选择"视频效果"文件夹中的"过时"文件夹中的"快速颜色校正器"选项，设置前如图 17-9 所示，设置后如图 17-10 所示。

图17-9

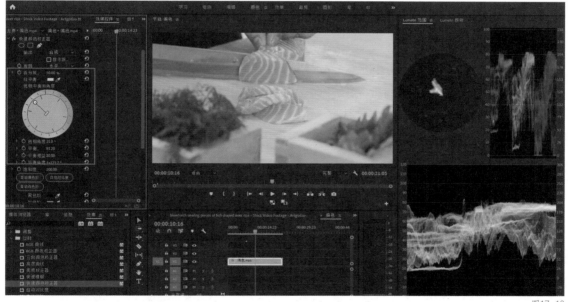

图17-10

> **提示** 首先用白平衡的吸管工具吸取画面的高亮区域，其次参考"Lumetri 范围"面板中的RGB分量示波器，修改其他参数，达到正确的白平衡。

4．三向颜色校正器

三向颜色校正器，可对校正好颜色的视频进行局部补色，该校正器将视频分为阴影、中间调、高光这3个区间，可针对每个区间单独进行色相偏移。

在"效果"面板中，选择"视频效果"文件夹中的"过时"文件夹中的"三向颜色校正器"选项，为暗部补充蓝绿色，设置效果如图17-11所示。

207

图17-11

第3节　调色流程

本节主要讲解应用"Lumetri颜色"面板进行调色的流程。以所提供素材为例，在预设面板中单击"颜色"选项卡，如图17-12所示，在此界面下进行调色。

图17-12

调色的工作流程主要分为以下两步。

1. 整体调色

整体调色主要是对画面进行色彩还原，包括校正画面的亮度、白平衡、饱和度。

在"Lumetri颜色"面板中，可应用以下3种方式对画面进行色彩还原。

▌ 导入素材后，首先分析素材是否出现曝光上的失误。如一段遵循向右曝光的素材，在整体调色的时候，需要使用"输入LUT"下拉列表框中的选项来进行调节，参数设置如图17-13所示。

图17-13

▌ 添加风格画预设，在"创意"选项组中选择"Look"下拉列表框中的预设选项，单击左右箭头可预览效果，如图17-14所示。

图17-14

▌ 如果没有合适的预设加载，则需要手动调节，在"基本校正"选项组中手动设置参数，如图17-15所示。

图17-15

调整完后记得检查亮度、白平衡和饱和度是否正确。

2. 局部调色

局部调色是对画面进行细节调整和风格化的制作。

将素材分为天空区域、楼群高光区域和楼群阴影区域3个部分，分别进行调整。

■ 1. 将天空区域调节成偏蓝绿色调。新建调整图层，命名为"天空"，选中调整图层调节"Lumetri颜色"面板，在"HSL辅助"选项组中，用吸管工具吸取天空的颜色，调节HSL的范围，将天空区域包含在可控范围之内，设置如图17-16所示。同时在"不透明度"属性下添加"蒙版"属性，设置如图17-17所示。

图17-16

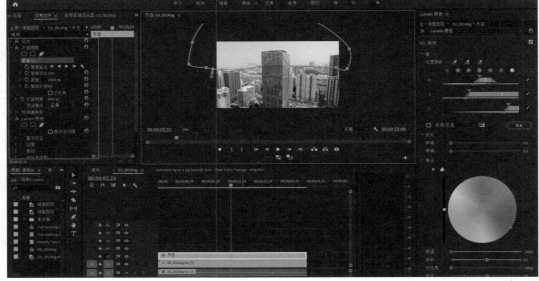

图17-17

■ 2. 将楼群高光区域调节成暖色。新建调整图层，命名为"高光"，选中调整图层调节"Lumetri颜色"面板，在"HSL辅助"选项组中，用吸管工具在画面中单击楼顶高光区域，调节HSL的范围，将楼群高光区域包含在可控范围之内，设置如图17-18所示。

图17-18

■ 3. 将楼群阴影区域增加冷色。新建调整图层命名为"阴影"，选中调整图层调节"Lumetri颜色"面板，在"HSL辅助"选项组中，用吸管工具在画面中单击阴影区域，调节HSL的范围，将楼群阴影区域包含在可控范围之内，设置如图17-19所示。

图17-19

制作完成，前后对比效果如图17-20所示。

图17-20

第4节　综合案例——小清新色调

案例要求： 小清新色调案例对比效果，如图17-21所示。

案例操作要点：（1）降低明暗对比度，（2）提高明度，（3）增加饱和度，色相偏暖色系。

图17-21

操作步骤

■ 1. 选中素材，在"Lumetri颜色"面板中设置参数。在"基本校正"选项组中的设置如图17-22所示，在"色轮和匹配"选项组中的设置如图17-23所示。

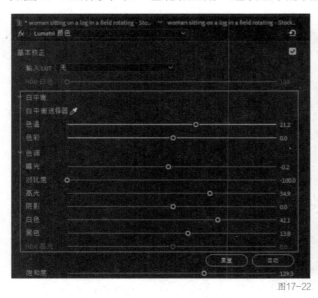

图17-22

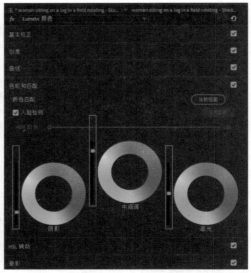

图17-23

■ 2. 在"晕影"选项组中设置参数，如图17-24所示。设置完所有参数后，效果如图17-25所示，画面边角区域变暗。

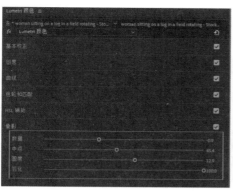

图17-24 图17-25

■ 3. 添加"快速颜色校正器"效果，再次校正画面的白平衡，如图17-26所示。

图17-26

■ 4. 添加"相机模糊"效果，绘制蒙版并设置相关参数，以模拟景深效果，如图17-27所示。

图17-27

■ 5．添加"颜色平衡"效果，绘制蒙版并设置相关参数，为暗部补充蓝色和绿色，且保证人物不受影响，如图17-28所示。

图17-28

■ 6．复制素材放在上层轨道，将树的区域用蒙版圈出来，修改"蒙版"的相关参数，并更改"混合模式"为"滤色"，如图17-29所示，这样可以提亮树的暗部，增添细节。

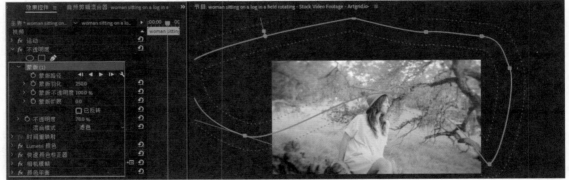

图17-29

本课练习题

1. 判断题

（1）饱和度越高画面颜色越灰。（　　）

（2）制作小清新风格需要提高对比度、压低亮度。（　　）

（3）快速颜色校正器是校正画面亮度的主要工具。（　　）

（4）将红色变成绿色需要修改色相属性。（　　）

（5）RGB曲线可调节画面对比度。（　　）

参考答案

（1）错;（2）错;（3）错;（4）对;（5）对。

2. 选择题

（1）可以查看饱和度安全范围的示波器为（　　）。

A. RGB分量示波器　　　　B. RGB波形　　　　C. 矢量示波器　　　　D. 亮度波形

（2）查看画面的亮暗分布通常用（　　）。

A. RGB分量示波器　　　　B. RGB波形　　　　C. 矢量示波器　　　　D. 亮度波形

（3）查看画面白平衡是否偏色通常用（　　）。

A. RGB分量示波器　　　　B. RGB波形　　　　C. 矢量示波器　　　　D. 亮度波形

参考答案:（1）C;（2）D;（3）A。

3. 操作题

为提供的素材调色，将夜景城市调色为青蓝紫色调，效果如图17-30所示。

图17-30

操作题要点提示

① 先去色再上色。

② 为每层颜色设置调节层。

③ 绘制蒙版控制局部颜色。

第 **18** 课

常用插件及无缝衔接

在Premiere Pro 2020中实现一些效果时，效率会比较低，这时可以针对不同的问题安装插件来提高工作效率，还可以与Adobe的其他软件进行无缝衔接，使用不同的软件解决问题。

本课主要讲解Premiere Pro 2020的磨皮插件、视频降噪插件以及Premiere Pro 2020如何无缝衔接Photoshop、After Effects、Audition等软件。

本课知识要点

◆ 磨皮插件

◆ 视频降噪插件

◆ 配合Photoshop使用

◆ 配合After Effects使用

◆ 配合Audition使用

第1节 磨皮插件

Beauty Box是一款强大的磨皮美白插件，插件自带预设效果，操作简单方便，其平滑功能可以快速修饰皮肤问题。

磨皮插件Beauty Box安装完成后，在"效果"面板中，选择"视频效果"文件夹中的"Digital Anarchy"文件夹，然后将"Beauty Box"效果拖曳到素材上，如图18-1所示。

图18-1

选中素材，在"效果控件"面板中，选择"Sampler"选项，分别使用Dark Color和Light Color的吸管工具，如图18-2所示，吸取素材中的暗部和亮部信息，如图18-3所示，吸取亮部和暗部颜色后，画面自动产生磨皮效果。

调节"Smoothing Amount"（平滑数量）参数，可以使画面产生虚化效果；调节"Skin Detail Smoothing"（皮肤细节的平滑度）参数，可以改变画面中皮肤细节的平滑度，数值越大皮肤越细腻，数值越小皮肤颗粒越明显，人物就会显得越苍老；调节"Contrast Enhance"（对比度增强）参数，可以加强人物暗部和亮部的细节，最终效果如图18-4所示。

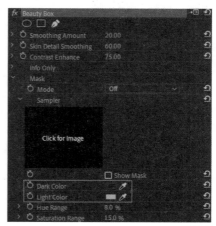

图18-2

图18-3

图18-4

第2节 视频降噪插件

相机在光线不足的环境下，拍摄出来的素材难免会产生很多噪点。DE：Noise是一款专业的视频降噪插件，能够有效去除画面上多余的噪点，操作方法也非常人性化。

视频降噪插件DE:Noise安装完成后，在"效果"面板中，选择"视频效果"文件夹中的"RE:Vision Plug-ins"文件夹，然后将"DE:Noise"效果拖曳到素材上，如图18-5所示。一般情况下，添加效果后画面会自动降噪，如图18-6所示。

图18-5

如果降噪效果不明显，可调节"patial Radius"（空间半径）参数，改变降噪的模糊程度，这样可以自动过滤掉一些噪点并保留细节，如图18-7所示。

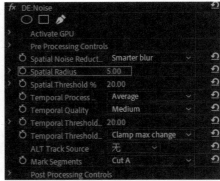

图18-6   图18-7

第3节 配合Photoshop使用

Photoshop是Adobe公司开发的一款图像处理软件，主要处理以像素构成的数字图像，Premiere Pro 2020与Photoshop的巧妙配合，可以让静止的画面动起来。

知识点 1 无缝衔接 Photoshop

选中静帧素材，单击鼠标右键，执行"在Adobe Photoshop中编辑"命令，如图18-8所示，这时Photoshop会自动打开。

知识点 2 用 Photoshop 修改静帧

在Photoshop里，钢笔工具的操作方法要比Premiere Pro 2020灵活得多。

先用钢笔工具绘制动物的轮廓。单击绘制一个点，再次单击拖曳当前点，会出现贝塞尔曲线手柄，即可绘制带有弧度的曲线，直到绘制完整的轮廓并且闭合路径，如图18-9所示。

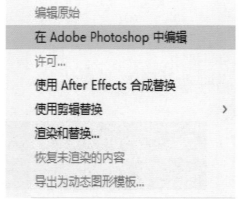

图18-8   图18-9

> **提示** 在绘制的过程中，按住Ctrl键可修改点，按住Alt键可拖曳出手柄。

将动物单独复制一层。按快捷键Ctrl+Enter将路径转化为选区，按快捷键Ctrl+J复制选区里的内容，如图18-10所示。

选中"图层1拷贝"，按快捷键Ctrl+T，调整其大小和位置，如图18-11所示。

图18-10　　　　　　　　　　　　　　　　　　图18-11

用钢笔工具继续绘制帽子的轮廓，然后将路径转化为选区（快捷键为Ctrl+Enter），按快捷键Ctrl+U弹出"色相/饱和度"对话框，如图18-12所示，调整选区内的色相。

按快捷键Ctrl+D取消选区，按快捷键Ctrl+S保存，返回Premiere Pro 2020，此时静帧素材已更改，如图18-13所示。

图18-12　　　　　　　　　　　　　　　　　　图18-13

第4节 配合After Effects使用

After Effects是Adobe公司开发的一款视频设计软件，主要用于制作高端视频特效，Premiere Pro 2020与After Effects的巧妙结合，可以对多层的合成图像进行制作，将视频特效上升到新的高度。

知识点 1 无缝衔接 After Effects

选中视频素材，单击鼠标右键，执行"使用After Effects合成替换"命令，如图18-14所示，这时After Effects会自动打开，并弹出"另存为"对话框，在对话框中可以设置文件名和保存路径，单击"保存"按钮，如图18-15所示。

图18-14

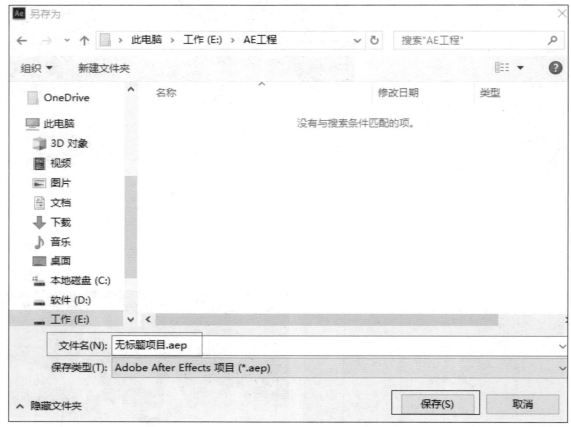

图18-15

知识点 2 用 After Effects 修改视频

在After Effects中，选中素材"plane"，在"效果控件"面板的空白区内单击鼠标右键，执行"模拟-碎片"命令，如图18-16所示。

提示 调出"效果控件"面板的快捷键F3。

添加"碎片"效果后，面板中并没有显示飞机图像，如图18-17所示，在"效果控件"面板中将"视图"属性设置为"已渲染"，就可以看到飞机图像了，如图18-18所示。

图18-16

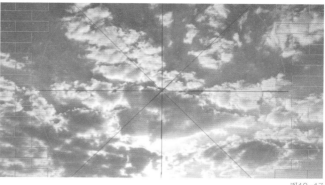

图18-17

在图18-18中可以看到"碎片"效果自带预设动画，可以利用关键帧动画来控制"碎片"效果的起始点和结束点。展开"作用力1"选项，开启"半径"属性的码表，将"半径"设置为"0.00"，播放头指针向后移动几帧，将"半径"设置为"0.50"，如图18-19所示。

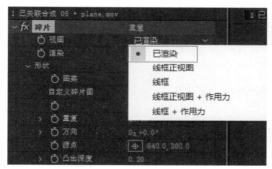

图18-18

图18-19

"碎片"效果的"图案"属性默认为"砖块"，可选择"玻璃"形状或者其他形状，如图18-20所示。

最终效果如图18-21所示，按快捷键Ctrl+S保存，返回Premiere Pro 2020，此时视频素材已更改。

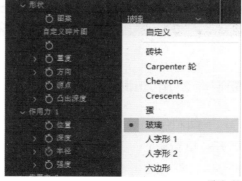

图18-20

图18-21

> **提示** 在 Premiere Pro 2020 中只能无缝衔接一次 After Effects，多次衔接工程会报错。如果想再次修改效果，可以直接打开保存好的 After Effects 工程文件进行修改，Premiere Pro 2020 中的效果会随之自动更新。

第5节　配合Audition使用

Audition是一款专业音频编辑和混合编辑器，新版操作起来更加方便，支持多种音频格式，具有音频混合、编辑、控制和效果处理功能。

知识点 1　无缝衔接 Audition

选中音频素材，单击鼠标右键，执行"在Adobe Audition中编辑剪辑"命令，如图18-22所示，这时Audition会自动打开。

将波形轨道切换为多轨轨道。在Audition的菜单栏中，执行"文件-新建-多轨会话"命令，快捷键为Ctrl+N，或者单击"多轨"按钮，如图18-23所示，弹出"新建多轨会话"对话框，在对话框中可以设置会话名称和文件夹位置，单击"确定"按钮，如图18-24所示。

图18-22

图18-23

图18-24

知识点 2　用 Audition 修改音频

下面利用Audition自动缩编音频。将音频拖曳到多轨轨道上，在"属性"面板中，展开"重新混合"选项，单击"启用重新混合"按钮，如图18-25所示，音频会被自动分析。

例如，视频时长为30秒，而音频目标持续时间为27秒，如图18-26所示，因为音频分析的时长会有5秒左右的浮动。

设置好目标持续时间后，音频会自动按照视频的时长进行缩编，如图18-27所示。

图18-25

图18-26

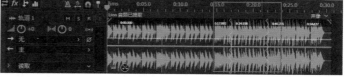

图18-27

对修改完的音频执行"文件–导出–导出到Adobe Premiere Pro"命令，如图18-28所示，会返回Premiere Pro 2020。

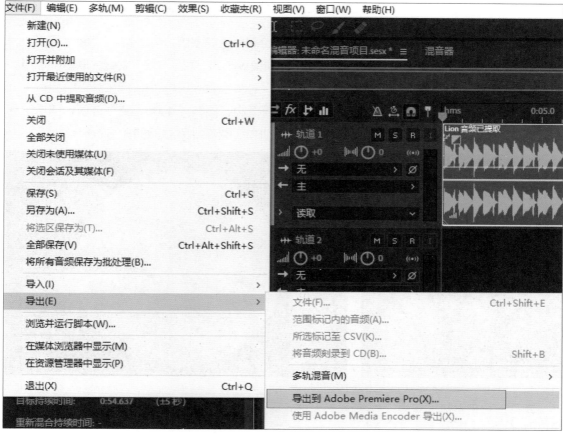

图18-28

返回Premiere Pro 2020后，会自动弹出"复制Adobe Audition轨道"对话框，单击"确定"按钮，如图18-29所示，修改后的音频会复制到新的音频轨道上，此时需要将之前的音频删除。

图18-29

223

第6节 综合案例——井盖转场

案例要求： 利用井盖旋转打开效果作为视频转场，制作穿越到大海的场景，如图18-30所示。

图18-30

案例操作要点：（1）用 Premiere Pro 2020绘制井盖的蒙版，与 After Effects 衔接，为井盖"旋转"属性设置关键帧动画，（2）开启运动模糊与3D图层，（3）父级关联器的应用。

操作步骤

■ 1. 选中素材"井盖"，在"效果控件"面板中，展开"不透明度"选项，单击"椭圆"按钮添加蒙版，如图18-31所示，沿着井盖的轮廓调整蒙版，如图18-32所示。

图18-31　　　　　　　　　　　　　　　　　　　　　　　　　　　　图18-32

■ 2. 选中素材"井盖"，单击鼠标右键，执行"使用 After Effects 合成替换"命令，在弹出的"另存为"对话框中，设置文件名和保存路径，单击"保存"按钮。

■ 3. 在 Premiere Pro 2020中绘制的蒙版，在 After Effects 中也会显示。由于为素材"井盖"添加蒙版后，只显示井盖，不显示地面，所以选中"井盖"图层，按快捷键 Ctrl+D 复制该图层，复制的图层重命名为"地面"，勾选"地面"图层的"蒙版1"属性下的"反转"复选框，如图18-33所示，画面中出现地面。

图18-33

■ 4. 制作井盖旋转动画。首先单击"3D图层"和"运动模糊"按钮,如图18-34所示,为"井盖"图层设置"Z轴旋转"属性的关键帧动画,开启码表,将播放头指针向后移动若干帧,使井盖能够旋转一到两圈,动画效果如图18-35所示。

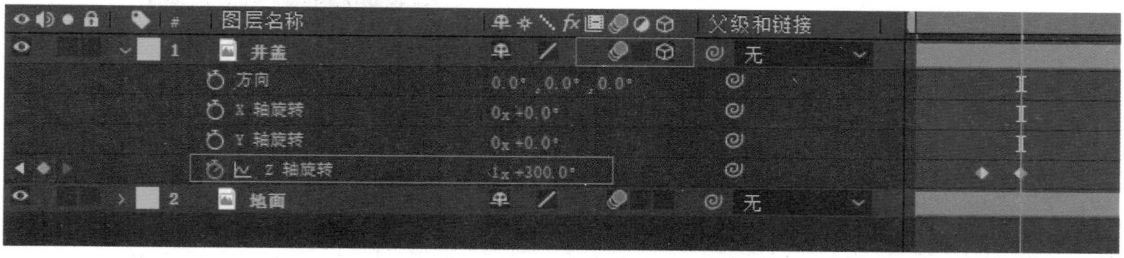

图18-34

■ 5. 制作井盖打开动画需要进行预合成。选中"井盖"图层,按快捷键Ctrl+Shift+C,弹出"预合成"对话框,选择"将所有属性移动到新合成"选项,单击"确定"按钮,如图18-36所示。

图18-35

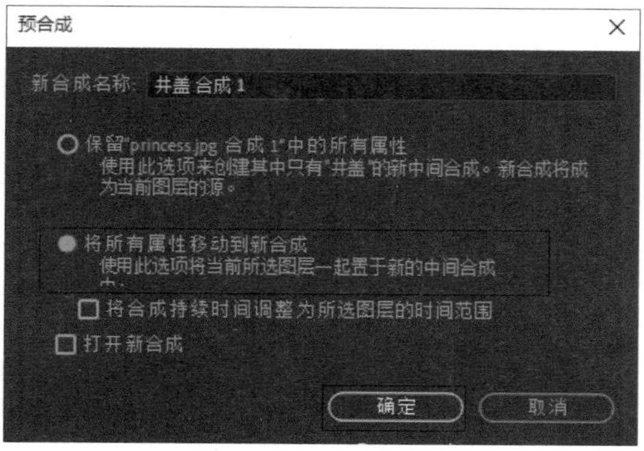

图18-36

■ 6. 预合成"井盖合成1"需要读取"井盖"图层的属性,所以要开启"3D图层"和"运动模糊"按钮,如图18-37所示。

图18-37

■ 7. 设置预合成"井盖合成1"的锚点。在工具箱中选择向后平移（锚点）工具![icon]，将锚点移动到井盖左侧边缘，如图18-38所示。

■ 8. 设置"井盖合成1"的"Y轴旋转"属性的关键帧动画。开启"Y轴旋转"的码表，将播放头指针向后移动若干帧，将"Y轴旋转"属性的参数设置为"120°"，动画效果如图18-39所示。

图18-38　　　　　　　　　　　　　　　　　　　　　　　图18-39

■ 9. 制作井盖飞出画面的效果。选中"地面"图层，开启"缩放"属性码表，将播放头指针向后移动若干帧，将"缩放"设置为"260""260%"，如图18-40所示。

图18-40

■ 10. "井盖合成1"要跟随"地面"图层一起飞出。将"井盖合成1"的父级关联器拖曳到"地面"图层，如图18-41所示，为它们添加父子关系，使"井盖合成1"随"地面"图层一起变化。

■ 11. 动画制作完成后，按快捷键Ctrl+S保存，并返回Premiere Pro 2020，可以看到视频素材已更改。

■ 12. 在Premiere Pro 2020中，将视频素材拖曳到时间线上，在"效果"面板中，选择"视频过渡"文件夹中的"FilmImpact.net TP1"文件夹，如图18-42所示，将"Impact Burn White"效果拖曳到两个视频素材之间的位置，如图18-43所示。

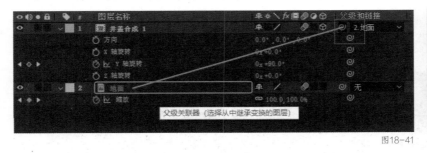 

图18-41　　　　　　　　　　　　　　　　　　　　　　　图18-42

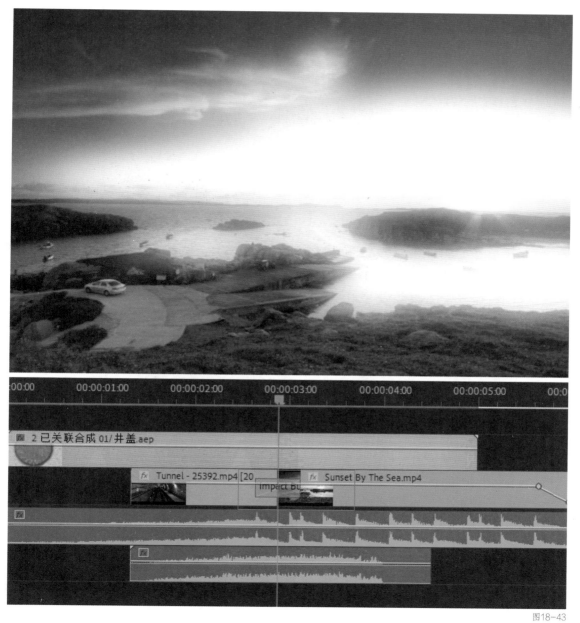

图18-43

■ 13. 导入音频，调整到相应的位置，最后按快捷键Ctrl+M渲染输出完整视频。

本课练习题

1. 填空题

（1）色彩的三要素是（　　）、（　　）、（　　）。

（2）在Audition中，新建多轨会话的快捷键是（　　）。

参考答案

（1）色相、饱和度、明度；（2）Ctrl+N。

2. 选择题

（1）在After Effects中，复制图层的快捷键是（　　）。

A．Ctrl+J　　　　B．Ctrl+T　　　C．Ctrl+V　　D．Ctrl+D

（2）Premiere Pro 2020无缝衔接 After Effects，可以衔接（　　）。

A．1次　　　　　B．2次　　　　C．3次　　　　D．无数次

参考答案

（1）D；（2）A。

3. 操作题

运用本课的素材，掌握Premiere Pro 2020无缝衔接Photoshop的流程，调整动物眼睛的饱和度，最终效果如图18-44所示。

图18-44

操作题要点提示

① 使用Photoshop中的钢笔工具绘制眼睛的轮廓。

② 调整色相／饱和度。

综合案例制作——旅拍剪辑

旅拍剪辑，通俗地讲就是将旅行拍摄的视频进行拼接，形成一条短片，起到记录生活的作用。短视频平台上有很多酷炫的旅拍视频，要想做出一条优质的旅拍视频，就要了解剪辑在其中起到的重要作用。本课主要讲解旅拍短视频的设计流程、转场技法，以及音乐混编等方法。

本课知识要点

◆ 分析音乐确定影片结构

◆ 转场设计

第1节　制作前的准备

如果想要独立制作旅拍视频，包括拍摄和剪辑两个环节，本案例应用了大量的旅拍镜头进行剪辑制作。本节主要讲解拍摄前期的注意事项，以及在剪辑过程中制作思路的分析。

知识点 1　拍摄须知

拍摄时有以下3点注意事项。

▌ 拍摄时间：素材应足够长（单个素材要有5～10秒，以便加速）。

▌ 拍摄方式：应采用横、纵、旋转、环绕等多种方式拍摄运动镜头，使镜头具有冲击力。

▌ 拍摄模式：应尽量使用高速模式进行拍摄，以保证镜头调整为慢速时的流畅度（120帧/秒）。

> **提示** 拍摄时镜头尽量稳一些，可采用广角拍摄，这样会比较稳定，如运用手机拍摄需要用到手机稳定器。注意拍摄镜头的运动方向，如果没有运动镜头，需要后期制作关键帧动画来模拟镜头运动。

知识点 2　制作思路

本案例所提供的素材以风景、体育运动素材为主，无明确的故事剧情，需要配合音乐来设计镜头的顺序，最终工程如图19-1所示。

图19-1

案例选取了节奏对比强烈的音乐，通过强烈的音乐节奏，凸显影片的外部节奏变化；通过画面和音乐节奏点相匹配进行镜头组接；同时使用了在旅拍短片中经常用到的转场形式。

先查看素材，对素材进行归类整理，可根据景别类型对素材进行分类，效果如图19-2所示，将素材依次放在相应景别的文件夹内。

新建项目，将素材导入"项目"面板中。新建素材箱，将镜头归类存放在相应的文件夹内，效果如图19-3所示。素材归类存放明确，后期剪辑时方便查找素材。

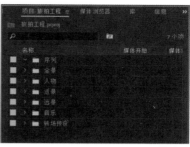

图19-2 　　　　　　　　　　　　　　　　　　　　　　　　　　　图19-3

知识点3 分析音乐确定影片结构

在搜集好的音乐库中选择需要的背景音乐，确定好音乐后执行以下操作。

1. 缩编音频

一般情况下，音乐的时长通常是3～4分，该案例的时长需要控制在1分30秒～2分，所以需要对音乐进行缩编。缩编音乐的基本原则是保留前奏、高潮、尾奏这3个部分，删除相同节奏的音乐，删减程度根据需求来定，本案例效果如图19-4所示，如果前奏略长也可对前奏进行适当删减。

图19-4

2. 根据音乐的节奏确定影片的结构

通过对音乐的分析，将整体结构分为5段，用序列标记的形式记录分段的位置，效果如图19-5所示。

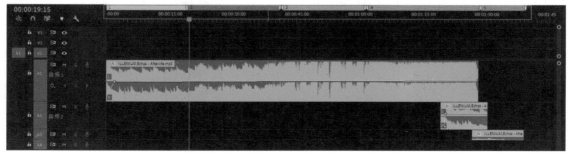

图19-5

第一段前奏，节奏舒缓；第二段节奏渐起，可用于高潮前的铺垫；第三段为次高潮；第四段为大高潮；第五段收尾，节奏舒缓。根据每段音乐的起伏不同来进行素材的排列。节奏缓慢的段落可选择舒缓柔和的镜头；中间的段落节奏起伏明确，适合选择运动镜头，可以使用变速和转场增加节奏感。

第2节 剪辑制作

通过对音乐的结构分析，规划镜头的排列顺序，可通过粗剪和精剪两个阶段完成剪辑，本节主要讲解粗剪的流程和精剪中转场和音效的设计。

知识点 1 粗剪

根据划分好的段落，对每段进行单独的粗剪，步骤如下。

1. 第一段粗剪

在第一段音频上，按音乐的起伏对其做标记，效果如图19-6所示。将素材按照标记的位置进行排序，效果如图19-7所示。

图19-6　　图19-7

2. 第二段粗剪

在第二段音频上，按音乐的起伏对其做标记，效果如图19-8所示。将素材按照标记的位置进行排序，效果如图19-9所示。

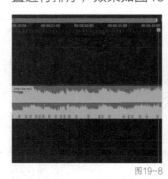

图19-8　　图19-9

3. 第三段粗剪

在第三段音频上，按音乐的起伏对其做标记，效果如图19-10所示。将素材按照标记的位置进行排序，效果如图19-11所示。

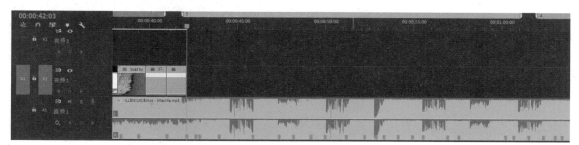

图19-10

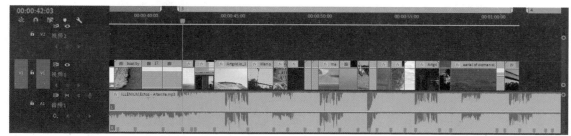

图19-11

4．第四段粗剪

在第四段音频上，按音乐的起伏对其做标记，效果如图19-12所示。将素材按照标记的位置进行排序，效果如图19-13所示。

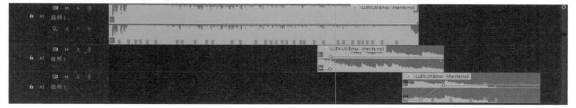

图19-12

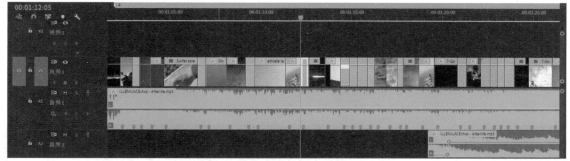

图19-13

5．第五段粗剪

在第五段音频上，按音乐的起伏对其做标记，效果如图19-14所示。将素材按照标记的位置进行排序，效果如图19-15所示。

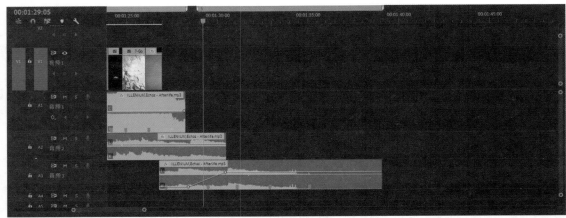

图19-14

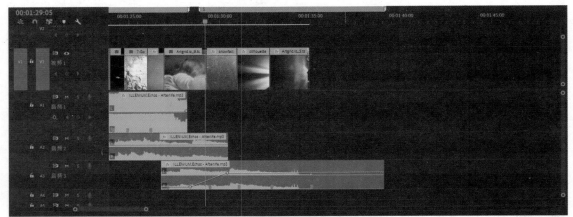

图19-15

　　粗剪阶段结束，下面对细节进行精修。

知识点 2 精剪

　　精剪主要分为4个步骤：片头设计、确定编辑点、转场设计和混音设计。

1. 片头设计

　　本案例的片头主要以视频配文字的形式出现。背景素材要能够体现出影片已经开始的效果，因此选择电影放映机的画面作为开篇，效果如图19-16所示。

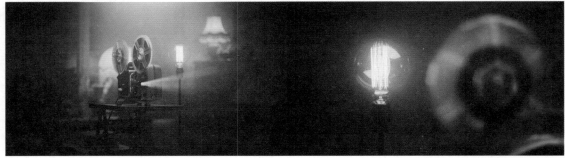

图19-16

为了体现出作品的完整性，确定了开篇的镜头，就要确定收尾的画面，前后画面形成呼应，影片的完成度会更好，效果如图19-17所示。

图19-17

开篇的文字设计，可以直接通过加载文字动画预设来完成。在"基本图形"面板中选择文字预设，设置如图19-18所示。选择预设效果，将其拖曳到时间线开篇镜头的上层，效果如图19-19所示。

图19-18

图19-19

2. 确定编辑点

修改画面内容以确定编辑点，编辑点的选择主要遵循动接动的原则。

动接动指当两个镜头中的同一主体或不同主体的动作是连贯的，则可以在前一个镜头的主体动作尚未结束或刚刚结束时，接上另一个主体的运动镜头。

本案例的镜头内容基本都是不连贯的，所以要想视线连贯流畅，就要考虑主体运动方向的匹配，以保证观众视线的连贯性，在每个编辑点都要考虑前后镜头的关联性，如图19-20所示。

图19-20

图19-20是运动方向的匹配效果，如果在运动方向不同的情况下，只需要保留运动过程，如图19-21所示。

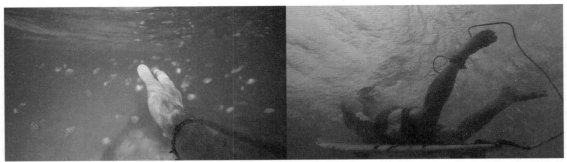

图19-21

3. 转场设计

设计转场主要是为了满足观众视线的连贯性，最终实现无缝衔接的效果。

本案例充分运用了旅拍中常用到的转场类型，主要分以下几种。

▌匹配转场：上下镜头具有相同或相似的主体形象，或者其中物体形状相近、位置重合，在运动方向、速度和色彩等方面具有一致性，以达到视觉的连续性，起到转场顺畅的目的。图19-22所示的画面，构图形式相同。图19-23所示的画面，人物衣服相似，主要为红色。

图19-22

图19-23

▌变速转场：通过设置编辑点前后画面的速度，使编辑点前后速度统一，实现流畅过渡的效果。这种转场需要通过时间重映射的功能来实现，设置如图19-24所示。

▌运动模糊：在镜头组接处设计运动模糊效果，实现流畅过渡。本案例应用了制作镜头模糊的两种方式：第一种，在编辑点处添加转场效果，设置如图19-25所示；第二种，添加转场预设，设置如图19-26所示。

图19-24

图19-25

图19-26

▌ 视频效果：添加视频效果，设置效果的关键帧动画完成转场过渡。案例主要应用了"渐变擦除"和"亮度键"效果。"渐变擦除"效果的应用如图19-27所示，"亮度键"效果的应用如图19-28所示。

图19-27

图19-28

▌ 遮罩转场：主要通过绘制蒙版来实现转场，通常情况下，是对上层镜头添加蒙版，制作蒙版跟踪动画来显示出下层效果。本案例应用了两种特殊的蒙版操作方法，来实现转场过渡：第一种，新建颜色遮罩层，对该层添加蒙版，添加后设置该层的位置关键帧动画，效果如图19-29所示；第二种，为镜头添加蒙版，抠出局部显示下一层效果，如图19-30所示。

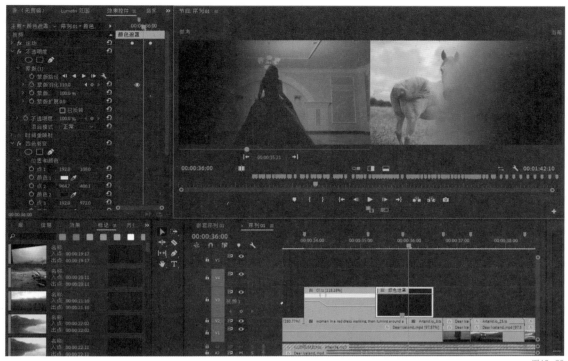

图19-29

图19-30

4. 混音设计

用一首背景音乐跟画面配合，整体的气氛渲染力还不够，需要混入音效来增加听觉的丰富度，主要为有明显环境音的镜头增加音效，如开篇的音效。

字幕入画时需要添加动作音效，整体还需要添加环境气氛音，此处添加齿轮转动的声音，设置如图19-31所示。

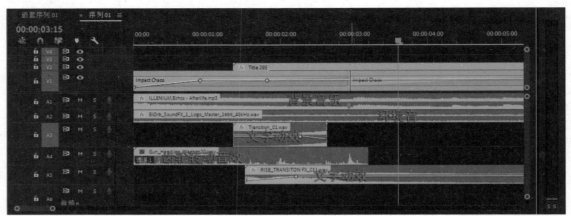

图19-31

按照同样的方式添加后续环境所需要的音效，同时在转场处也可添加转场音效，设置如图19-32所示。设置好音频后，最终渲染输出，旅拍视频制作完成。

图19-32

本课练习题

1. 填空题

（1）剪辑分为（　　）、（　　）两个阶段。

（2）混音除了可以添加环境音，还可添加（　　）。

（3）制作转场的最终目的是实现（　　）。

参考答案

（1）粗剪、精剪;（2）转场音效;（3）无缝剪辑。

2. 判断题

（1）旅拍视频的拍摄不适合应用升格镜头。（　　）

（2）蒙版遮罩可用来制作转场效果。（　　）

（3）变速转场编辑点前后的镜头速度必须反差很大。（　　）

（4）混音可增强观看者在观看旅拍视频时的代入感。（　　）

参考答案

（1）错;（2）对;（3）错;（4）对。